全国技工院校机械类专业通用教材（高级技能层级）

液压传动与气动技术（第二版）

人力资源社会保障部教材办公室组织编写

中国劳动社会保障出版社

简介

本书主要内容包括：液压传动基础知识、液压传动动力元件和执行元件、液压传动控制元件与基本回路、液压传动系统分析与维护、气压传动基础知识、气压传动控制元件与单缸控制回路、气压传动控制元件与双缸控制回路、气压传动系统分析与维护等。

本书由周晓峰主编，巢佳、谢学民参加编写；范继宁主审。

图书在版编目（CIP）数据

液压传动与气动技术/人力资源社会保障部教材办公室组织编写. --2版. --北京：中国劳动社会保障出版社，2018

全国技工院校机械类专业通用教材. 高级技能层级

ISBN 978-7-5167-3627-2

Ⅰ. ①液… Ⅱ. ①人… Ⅲ. ①液压传动-技工学校-教材②气压传动-技工学校-教材 Ⅳ. ①TH137②TH138

中国版本图书馆CIP数据核字（2018）第186450号

中国劳动社会保障出版社出版发行

（北京市惠新东街1号 邮政编码：100029）

*

保定市中画美凯印刷有限公司印刷装订 新华书店经销

787毫米×1092毫米 16开本 10.5印张 238千字

2018年9月第2版 2025年1月第13次印刷

定价：21.00元

营销中心电话：400-606-6496

出版社网址：http://www.class.com.cn

http://jg.class.com.cn

前　言

为了更好地适应全国技工院校机械类专业的教学要求，全面提升教学质量，人力资源社会保障部教材办公室组织有关学校的一线教师和行业、企业专家，在充分调研企业生产和学校教学情况、广泛听取教师对教材使用反馈意见的基础上，对全国高级技工学校机械类专业通用教材进行了修订。本次修订后出版的教材包括：《机械制图（第四版）》《机械基础（第二版）》《机构与零件（第四版）》《机械制造工艺学（第二版）》《机械制造工艺与装备（第三版）》《金属材料及热处理（第二版）》《极限配合与技术测量（第五版）》《电工学（第二版）》《工程力学（第二版）》《数控加工基础（第二版）》《液压传动与气动技术（第二版）》《液压技术（第四版）》《机床电气控制（第三版）》《金属切削原理与刀具（第五版）》《机床夹具（第五版）》《金属切削机床（第二版）》《高级车工工艺与技能训练（第三版）》《高级钳工工艺与技能训练（第三版）》《高级焊工工艺与技能训练（第三版）》等。

本次教材修订工作的重点主要体现在以下几个方面：

第一，更新教材内容，体现时代发展。

根据机械类专业毕业生所从事岗位的实际需要和教学实际情况的变化，合理确定学生应具备的能力与知识结构，对部分教材内容及其深度、难度做了适当调整；根据相关专业领域的最新发展，在教材中充实新知识、新技术、新设备、新材料等方面的内容，体现教材的先进性；采用最新国家技术标准，使教材更加科学和规范。

第二，提升表现形式，激发学习兴趣。

在教材内容的呈现形式上，较多地利用图片、实物照片和表格等形式将知识点生动地展示出来，尤其是在《机械基础（第二版）》《机床夹具（第五版）》等教材插图的制作中全面采用了立体造型技术，力求让学生更直观地理解和掌握所学内容。针对不同的知识点，设计了许多贴近实际的互动栏目，在激发学生学习兴趣和自主学习积极性的同时，使教材“易教易学，易懂易用”。

第三，开发配套资源，提供教学服务。

本套教材配有习题册和方便教师上课使用的多媒体电子课件，可以通过技工教育网（http://jg. class. com. cn）下载电子课件等教学资源。另外，在部分教材中使用了二维码技术，针对教材中的教学重点和难点制作了动画、视频、微课等多媒体资源，学生使用移动终端扫描二维码即可在线观看相应内容。

本次教材的修订工作得到了河北、辽宁、江苏、山东、河南、湖南、广东等省人力资源社会保障厅及有关学校的大力支持，在此我们表示诚挚的谢意。

人力资源社会保障部教材办公室

2018 年 8 月

目 录

第一章　液压传动基础知识

§1—1　液压传动概述

学习目标

◎掌握液压传动的工作过程。
◎掌握液压传动的优点、缺点。
◎了解液压传动在现代工业生产中的应用。
◎了解液压传动的发展概况。

给汽车换轮胎时，轻轻压几下液压千斤顶手柄，就可以把汽车抬起（图 1—1—1）。想一想，千斤顶是如何把汽车顶起来的？特别是小小的压力是如何变成顶起汽车这么大的力的？

图 1—1—1　汽车换轮胎

用很小的力将重物举起，需要采用一定的方式将力放大，如利用杠杆撬动重物（图 1—1—2）。由于这种方法中力的放大倍数等于杠杆的动力臂与阻力臂的比值，因此，当需要将力放大很多倍时，按照此工作原理设计出的工具，会比较笨拙、庞大，不方便收纳在汽车行李箱的狭小空间里。

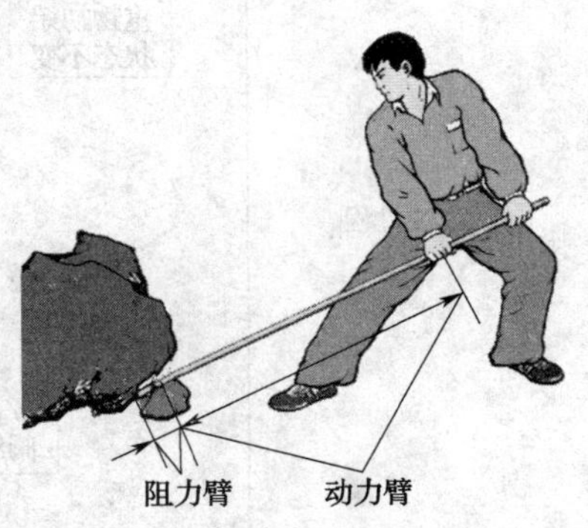

图 1—1—2　利用杠杆撬动重物

图 1—1—1 所示液压千斤顶体积小巧，却可以将人力放大到足够抬起沉重的汽车。究其根源主要是液压千斤顶所采用的放大力的工作原理与杠杆不同。它是怎样将力传递放大的呢？

一、液压传动的概念

图 1—1—3 所示为液压千斤顶的工作原理图。千斤顶有大、小两个工作油腔，其内部分别装有大活塞和小活塞。活塞与缸体之间保持一种良好的配合关系，不仅保证活塞能在缸体内滑动，而且保证配合面之间实现可靠的密封。液压千斤顶的工作过程见表 1—1—1。

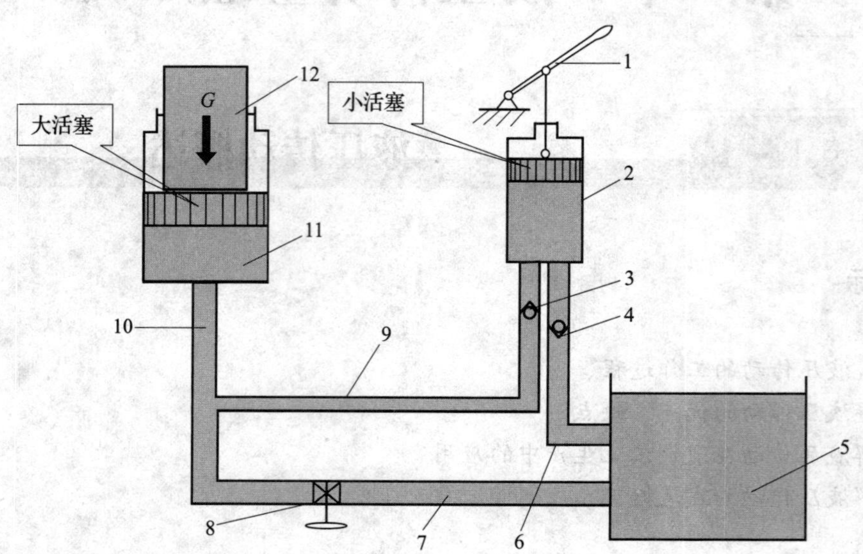

图 1—1—3　液压千斤顶的工作原理图

1—杠杆手柄　2—液压泵（油腔）　3—阀*（油液只能向泵外流）　4—阀（油液只能向泵内流）　5—油箱　6、7、9、10—油管　8—阀（平时总处于封闭状态，不通过油液）　11—液压缸（油腔）　12—重物

表 1—1—1　　**液压千斤顶的工作过程**

过程	说明
吸油过程	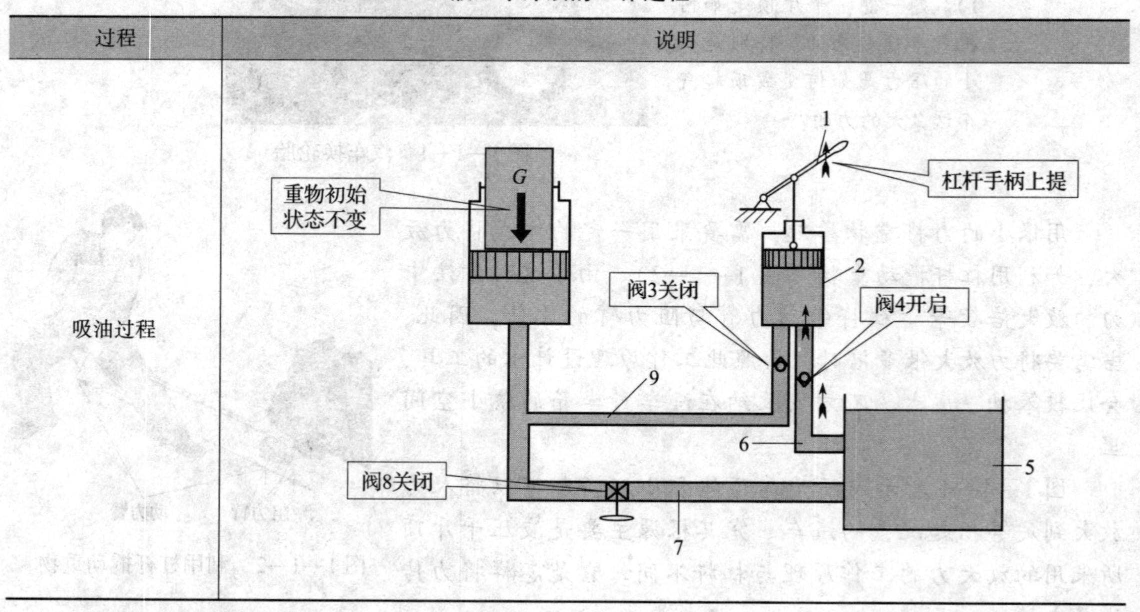

* 阀是指控制液体通过以降低其压力或改变其流量及流动方向的装置。

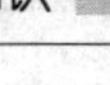

续表

过程	说明
吸油过程	当向上提起杠杆手柄1时，小活塞被带动上行，此时液压泵2中的密封工作容积增大。这时，由于阀3和阀8将它们各自所在的油路关闭，油液无法从油管9和7进入液压泵2，因此，液压泵2中形成了部分真空。在大气压力作用下，油箱5中的油液经油管6推开阀4，流入液压泵2中，完成一次吸油动作
压油和重物举升过程	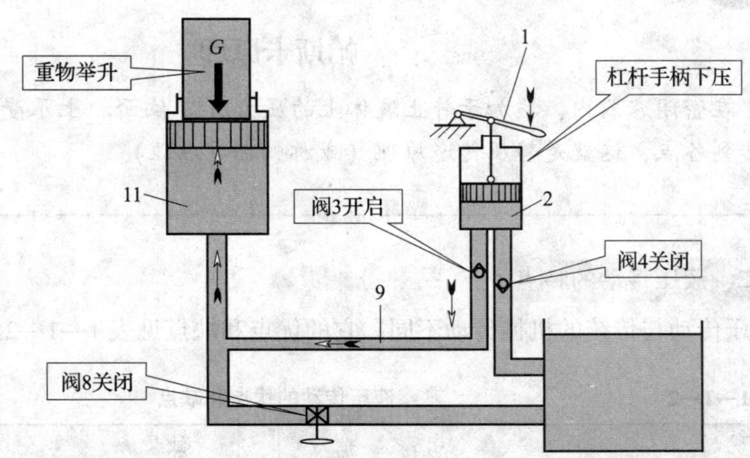 杠杆手柄1被压下时，推动小活塞下移，液压泵2中的油腔工作容积减小，其中的油液被挤出，推开阀3（此时，阀4自动关闭了通往油箱的油路），油液便经油管9进入密封的液压缸（油腔）11，该液压缸的工作容积增大。根据帕斯卡原理，可得出 $F_2 = F_1A_2/A_1$。由于液压千斤顶大活塞面积 A_2 比小活塞面积 A_1 大很多倍，故只需对液压千斤顶小活塞端施很小的力，就能在大活塞端输出很大的力，从而将重物抬起 反复地提、压杠杆手柄，就可以使重物不断上升，达到重物举升的目的
回位过程	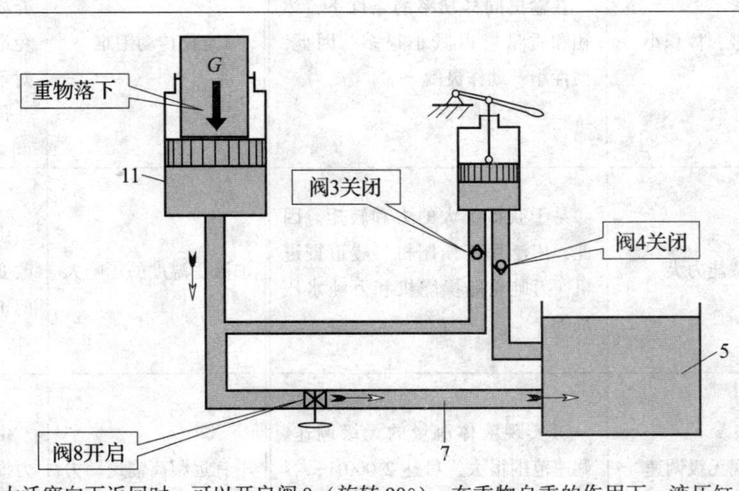 需要大活塞向下返回时，可以开启阀8（旋转90°）。在重物自重的作用下，液压缸（油腔）11中的油液通过油管7快速流回油箱5，大活塞就迅速下降到原位

从液压千斤顶的工作过程中可以看出，液压传动是利用液体作为工作介质来进行能量传递和控制的一种传动方式。液压传动装置实质上是一种能量转换装置，它先将机械能转换为便于输送的液压能，随后再将液压能转换为机械能做功。液压千斤顶是运用液压传动工作原理进行工作的一种典型工具。

小知识

帕斯卡原理

在密闭容器内，施加于静止液体上的压力（单位面积上承受的力）将以等值同时传到各点，这就是静压传递原理（或称帕斯卡原理）。

二、液压传动的特点

液压传动与传统的机械传动不同，它的优点和缺点见表1—1—2。

表1—1—2　　液压传动的优点和缺点

优点	说明	缺点	说明
传动平稳	油液有吸振能力，在油路中还可以设置液压缓冲装置	制造精度要求高	元件的技术要求高，加工和装配比较困难，使用维护比较严格
质量轻，体积小	在输出同样功率的条件下，体积和质量可以减小很多。因此，惯性小、动作灵敏	定比传动困难	液压传动是以液压油作为工作介质，在相对运动表面间不可避免地有泄漏，同时油液又不是绝对不可压缩的，因此，不宜应用在传动比要求严格的场合
承载能力大	易于获得很大的力和转矩。因此，广泛用于压制机、隧道掘进机、万吨轮船操舵机和万吨水压机等	油液受温度的影响大	由于油的黏度随温度的改变而改变，故不宜应用在高温或低温的工作环境中
易实现无级调速	可实现液体流量的无级调速。调速范围很大，可达2 000:1，容易获得极低的速度	不宜远距离输送动力	由于采用油管传输压力油，压力损失较大，故不宜远距离输送动力

续表

优点	说明	缺点	说明
易实现过载保护	液压系统中采取了很多安全保护措施，能够自动防止过载，避免发生事故	油液中混入空气易影响工作性能	容易引起爬行、振动和噪声，使系统的工作性能受到影响
能自润滑	由于采用液压油作为工作介质，液压传动装置能够自动润滑，因此，元件的使用寿命较长	油液容易被污染	油液被污染后会影响系统工作的可靠性
易实现复杂动作	液体的压力、流量和方向较容易实现控制，再配合电气控制装置，易实现复杂的自动工作循环	发生故障不容易检查与排除	液压系统是一个整体，发生故障后只能逐一排除

三、液压传动技术的应用

由于液压传动技术有许多突出的优点，因此，从民用到国防，由一般传动到精确度很高的控制系统，液压传动技术都得到了广泛应用，具体应用见表1—1—3。

表1—1—3　　液压传动技术的应用

主要领域	应用实例	图例
机床工业	目前机床传动系统中普遍采用液压传动与控制技术，如磨床、铣床、刨床、拉床、压力机、剪床和组合机床等	
国防工业	陆、海、空三军的很多武器装备都采用了液压传动与控制技术，如飞机、坦克、舰艇、雷达、火炮、导弹和火箭等	
冶金工业	电炉控制系统、轧钢机的控制系统、平炉装料、转炉控制、高炉控制等都采用了液压传动技术	

续表

主要领域	应用实例	图例
工程机械	工程机械上普遍采用液压传动技术，如挖掘机、轮胎装载机、汽车起重机、履带推土机、轮胎起重机、自行式铲运机、平地机和振动式压路机等	
农业机械	农业机械设备中也广泛采用液压传动技术，如联合收割机、拖拉机和犁等	
汽车工业	液压越野车、液压自卸式汽车、液压高空作业车和消防车等均采用液压传动技术	
轻纺工业	轻纺设备中也广泛采用液压传动技术，如塑料注塑机、橡胶硫化机、造纸机、印刷机和纺织机等	
船舶工业	普遍应用液压传动技术，如全液压挖泥船、打捞船、打桩船、采油平台、水翼船、气垫船和船舶辅机等	

近几年，在太阳跟踪系统、海浪模拟装置、船舶驾驶模拟器、地震再现装置、火箭助飞发射装置、宇航环境模拟和高层建筑防震系统及紧急刹车装置等设备中，也采用了液压传动技术。

〔知识拓展〕

液压传动的发展概况

液压传动起源于1654年帕斯卡（图1—1—4）提出的静压传递原理。液压传动的推广和应用，得益于19世纪崛起并蓬勃发展的石油工业。20世纪60年代以后，随着原子能、空间技术、计算机技术的发展，液压传动技术逐渐渗透到各个工业领域中。

布莱士·帕斯卡，17世纪法国著名的数学家、物理学家，主要贡献是在物理学上发现了帕斯卡定律，并以其名字命名压强单位。

图1—1—4　布莱士·帕斯卡

当前，液压传动技术正向着高速、高压、大功率、低噪声、长使用寿命、高度集成化、复合化、数字化、小型化、轻量化等方向发展。同时，新型液压元件和液压系统的计算机辅助测试（CAT）、计算机直接控制（CDC）、机电一体化技术、计算机仿真和优化设计技术、可靠性技术、基于绿色制造的水介质传动技术以及污染控制方面，也是当前液压传动技术发展和研究的方向。

我国液压传动技术起步较晚，始于1952年。液压元件最初应用于机床和锻压设备，后来应用于工程机械。经过多年的艰苦探索和发展，特别是20世纪80年代初期引进美国、日本、德国的先进技术和设备，使我国的液压传动技术水平上了一个新的台阶。目前，我国已形成门类齐全的标准化、系列化、通用化液压元件产品。

§1—2 液压传动工作原理与系统组成

学习目标

◎掌握液压传动的工作原理。

◎掌握液压传动系统的组成及各组成部分在系统中的作用。

◎了解液压系统图的表达方式。

◎了解液压油的性能指标与选用原则。

通过对上一节中液压千斤顶的工作原理和工作过程的学习可知，液压千斤顶由施力的泵、输出力的缸、油液、输油的管道和管道中的阀组成。该传动系统通过对力的传输和放大，完成举升重物的操作。

液压式叉车（图1—2—1）前叉的作用也是将重物抬起。与液压千斤顶不同的是，液压式叉车在前叉举起和放下重物的过程中，运动必须平稳、可靠，其运动的控制也必须有效。要比较液压式叉车与液压千斤顶的液压传动系统，需要了解液压式叉车前叉的液压传动系统由哪些部件组成，分析其工作原理，找出两个液压传动系统的异同。

液压式叉车通过前叉的举升和放下动作，搬运货物或集装箱。它的前叉依靠液压传动系统驱动。

图1—2—1 液压式叉车

一、液压传动的工作原理

各种液压传动系统的结构形式虽然不尽相同，但其传动原理相仿。本节以液压式叉车的前叉液压传动系统为例，分析液压传动系统的工作原理。图1—2—2所示为前叉液压传动系统的结构原理图。

图1—2—2中，电动机带动液压泵3，从油箱1中吸油。然后，液压泵将具有压力能

的油液通过阀 4 和管路输送至阀 6。阀 6 的阀芯有不同的工作位置（图示有三个工作位置），来控制压力油的流向。操纵手柄 7 改变阀 6 的工作位置，可以改变压力油进入液压缸 8 的流向，从而控制液压缸内活塞 9 的运动方向，实现前叉的升起和下降。根据工作需要，利用改变阀 4 开口的大小来调节通过阀的流量，以控制活塞 9 的运动速度。

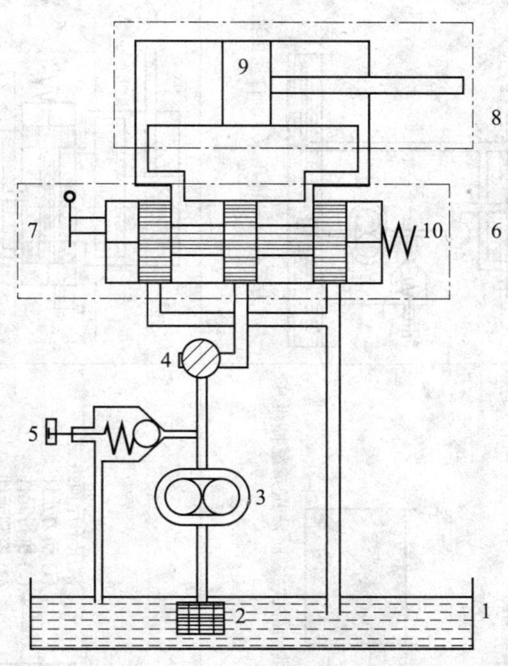

图 1—2—2　前叉液压传动系统的结构原理图

1—油箱　2—网式过滤器　3—液压泵　4—阀（可以调节油液的流量大小）
5—阀（当系统压力超过阀的预定值就打开泄油）　6—阀（通过电磁控制可以改变油液流向）
7—手柄　8—液压缸　9—活塞　10—弹簧

由于工作情况不同，活塞 9 运动时所要克服的阻力也不同，不同的阻力都是由液压泵输出油液的压力能来克服的。系统的压力可通过阀 5 进行调节。当系统中的油压升高到稍高于阀 5 预先设定的压力时，阀 5 就会打开使油液流回油箱，这时油压回落到预定压力值以下。

网式过滤器 2 将油液中的污物、杂质去掉，保持油液的清洁，使系统正常工作。

从液压式叉车前叉液压传动系统的工作原理可以得出，液压传动的工作原理是以油液作为工作介质，通过密封容积的变化来传递运动，通过油液内部的压力来传递动力。液压传动装置实质上是一种能量转换装置，它先将机械能转换为便于输送的液压能，随后再将液压能转换为机械能做功。液压系统工作时，必须对油液进行压力、流量和方向的控制与调节，以满足工作部件在力、速度和方向上的要求。

二、液压传动系统的组成

一个完整的液压传动系统主要由以下几个部分组成，具体见表 1—2—1。

表 1—2—1　　液压传动系统的组成

组成部分	作用	典型元件	典型元件实例	
			实例 1——液压千斤顶	实例 2——液压式叉车的前叉液压传动系统
动力元件	供给液压系统压力油，将原动机输出的机械能转换为油液的压力能（液压能）	液压泵	液压千斤顶组成 (1) 动力元件 (2) 执行元件 (3) 控制元件 (4) 辅助元件 动力元件——液压泵 2，手动供油方式，向液压系统提供压力油	前叉液压传动系统组成 (1) 动力元件 (2) 执行元件 (3) 控制元件 (4) 辅助元件 动力元件——液压泵 3，自动供油方式，向液压系统提供压力油
执行元件	将液压泵输入的油液压力能转换为带动工作机构的机械能，以驱动工作部件运动	液压缸和液压马达	液压千斤顶组成 (1) 动力元件 (2) 执行元件 (3) 控制元件 (4) 辅助元件 执行元件——液压缸 11，平缓抬升重物，回落迅速	前叉液压传动系统组成 (1) 动力元件 (2) 执行元件 (3) 控制元件 (4) 辅助元件 执行元件——液压缸 8，输出运动，活塞杆带动前叉上下运动

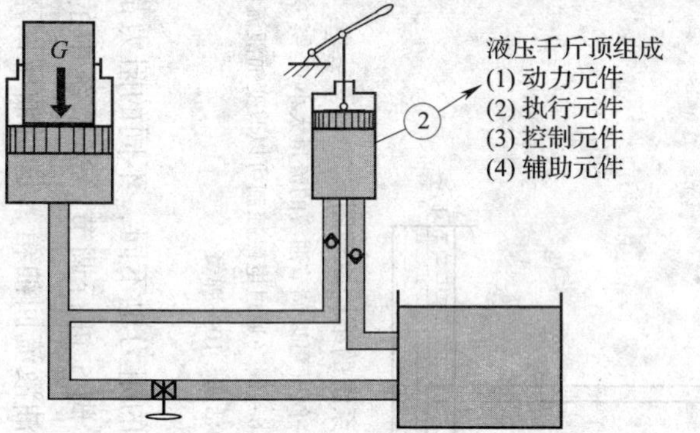

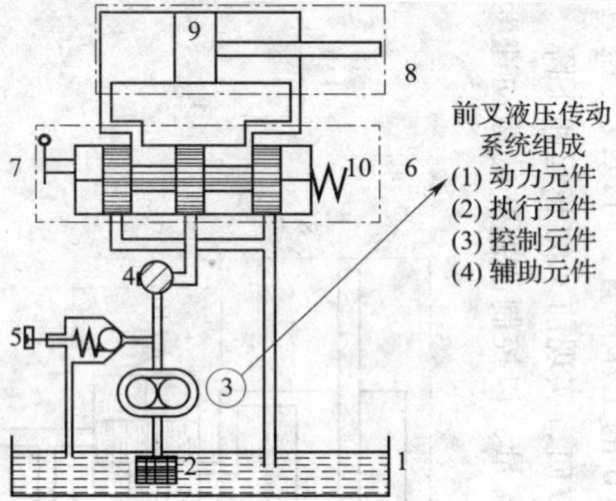

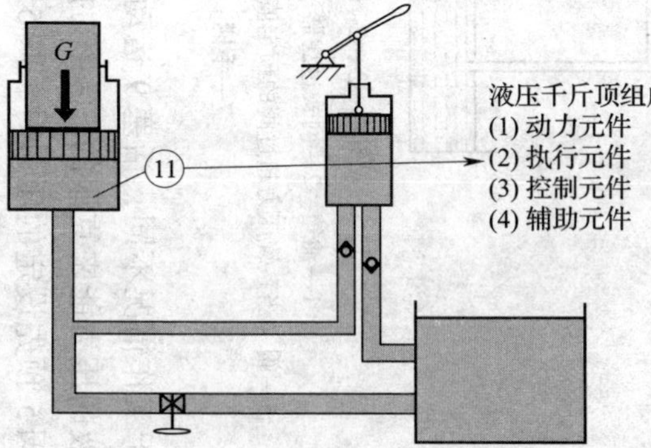

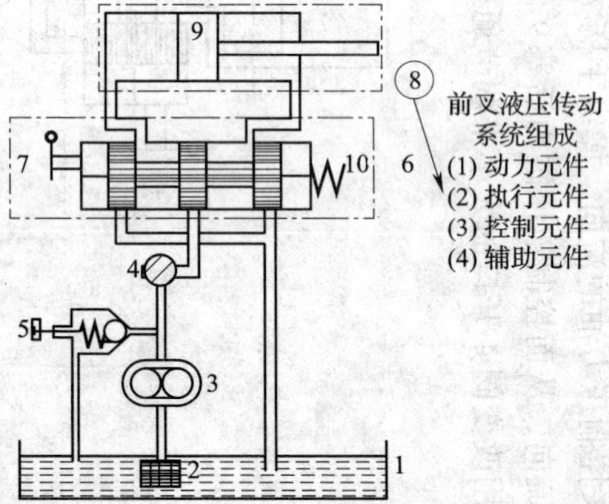

续表

<table>
<tr><th rowspan="2">组成部分</th><th rowspan="2">作用</th><th rowspan="2">典型元件</th><th colspan="2">典型元件实例</th></tr>
<tr><th>实例 1——液压千斤顶</th><th>实例 2——液压式叉车的前叉液压传动系统</th></tr>
<tr><td>控制元件</td><td>用来控制和调节油液的压力、流量和流动方向</td><td>各种压力控制阀、流量控制阀和方向控制阀等</td><td>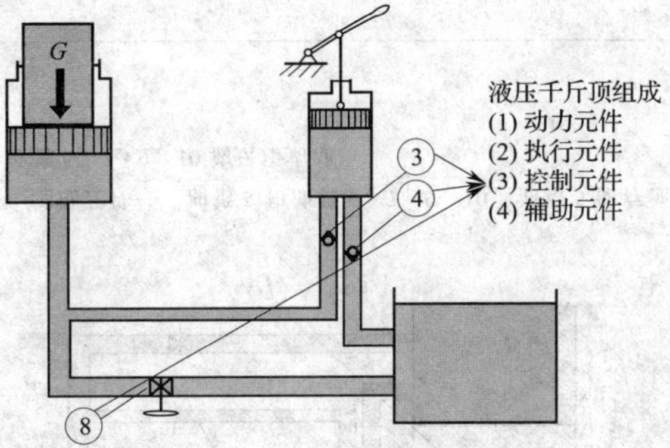
G
3
4
8
液压千斤顶组成
(1) 动力元件
(2) 执行元件
(3) 控制元件
(4) 辅助元件
控制元件——阀 3、阀 4、阀 8，阀 3、阀 4 控制油路的单向导通，阀 8 处于常闭状态，只有泄油时打开，从而控制液压缸的运动状态（抬升或者快速回落）</td><td>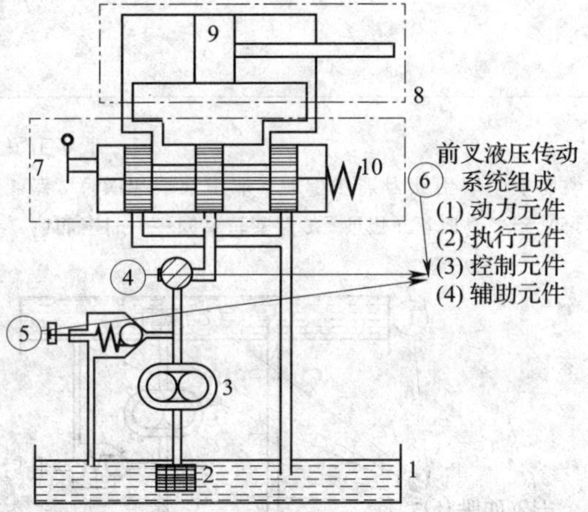
9
8
7
10
6
前叉液压传动系统组成
(1) 动力元件
(2) 执行元件
(3) 控制元件
(4) 辅助元件
4
5
3
2
1
控制元件——阀 4、阀 5、阀 6，阀 4 调节油液的流速，阀 5 控制系统最高压力值，阀 6 通过手柄控制油液流向液压缸的左腔或者右腔，从而控制液压系统工作时压力、前叉的运动方向和速度</td></tr>
</table>

续表

组成部分	作用	典型元件	典型元件实例	
			实例 1——液压千斤顶	实例 2——液压式叉车的前叉液压传动系统
辅助元件	将前面三个部分连接成一个系统，起储油、过滤、测量和密封等作用，以保证液压系统工作可靠、稳定、持久	管路和接头、油箱、过滤器、蓄能器、密封件和控制仪表等	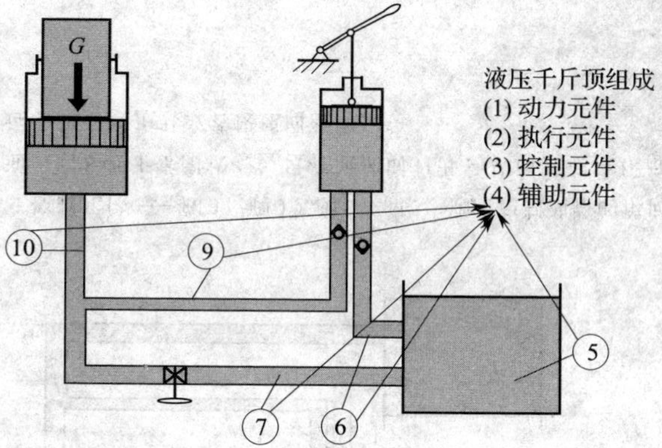G 10 9 7 6 5 液压千斤顶组成 (1) 动力元件 (2) 执行元件 (3) 控制元件 (4) 辅助元件 辅助元件——油箱 5 和油管 6、7、9、10，油箱 5 储存油液，油管 6、7、9、10 输送压力油	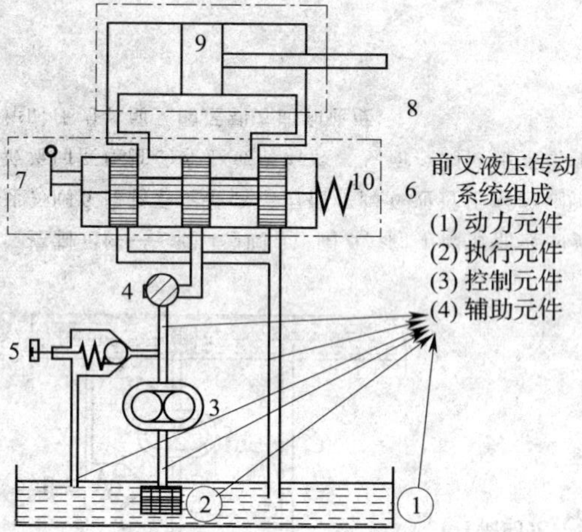9 8 7 10 6 4 5 3 2 1 前叉液压传动系统组成 (1) 动力元件 (2) 执行元件 (3) 控制元件 (4) 辅助元件 辅助元件——网式过滤器 2、油箱 1 及油管，网式过滤器 2 过滤清洁液压油，油箱 1 储存液压油，油管输送压力油
传动介质	传递能量	传动介质——液压油，将液压泵的机械能传递给液压缸		

从表 1—2—1 中可以看出，液压千斤顶和液压式叉车的前叉液压传动系统的组成从原理上讲是相同的。由于两个系统的工作要求不同，所以，它们的具体组成元件的主要差异在于所使用的控制阀不同。

三、液压系统图的表达

在生产实际中，液压系统多种多样，如果按照图 1—2—2 所示采用元器件结构原理图来表达，绘制复杂而且不便于识读。因此，相关国家标准对液压元（辅）件的图形、符号进行了具体规定。这种用于表示不同的液压元件的图形和符号，被称为液压元件的图形符号。图形符号只表示元件的功能、操作（控制）方法及外部连接口，不表示元件的具体结构及参数、连接口的实际位置和元件的安装位置。在液压系统图中，液压元件的图形符号应以元件的静止状态或零位来表示。常用液压元件的图形符号参见附录 1。图 1—2—3 所示为采用液压元件图形符号绘制的液压式叉车的前叉液压传动系统原理图。

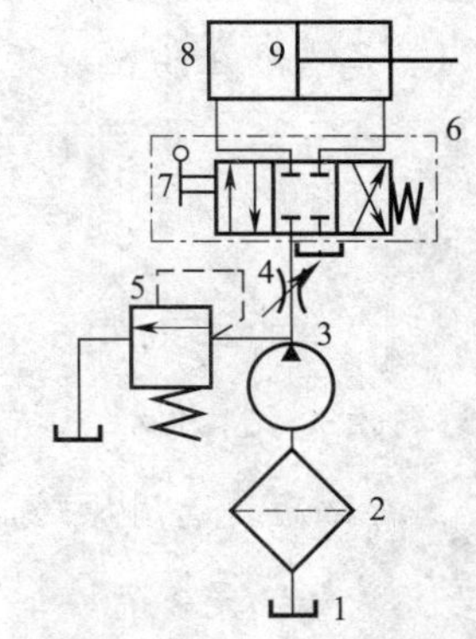

图 1—2—3　液压式叉车的前叉液压传动系统原理图

1—油箱　2—过滤器　3—液压泵　4—单向节流阀　5—溢流阀　6—二位四通手动阀　7—手柄　8—液压缸　9—活塞

〔知识拓展〕

液压油的性能指标与选用

液体是液压传动系统中的工作介质，在实际的液压传动中常用油类作为工作介质，这种油称为液压油。

1. 液压油的主要性能指标

（1）黏度

液体在外力作用下流动时，液体内部分子间的内聚力会阻碍分子相对运动，即分子间会产生一种内摩擦力，这一特性称为液体的黏性。液压油的黏性用黏度来表示，是选择液压油的一个重要参数。油液的黏度指标主要有 3 种：动力黏度、运动黏度和条件黏度。其中，运动黏度运用最广泛。通常，液压油的黏度指的就是运动黏度。运动黏度的单位为斯（St），$1\ \mathrm{St}=10^{-4}\ \mathrm{m^2/s}$。实际测定中，常以厘斯（cSt）为单位，$1\ \mathrm{cSt}=1\ \mathrm{mm^2/s}$。

（2）黏度指数

黏度指数较直接地反映了油品黏度随温度变化而改变的性质。黏度指数越高，表示该种油的黏度随温度变化而改变的程度越小；反之，则越大。

（3）闪点

闪点是指液压油在规定条件下，加热到它的蒸气与火焰接触发生瞬间闪火时的最低温度。油品的危险等级是根据闪点来划分的。通常，油品的使用温度必须控制在闪点以下20℃。

除了以上的主要性能指标外，衡量液压油的性能还有润滑性、抗氧化性、抗磨性、防锈防腐性、抗乳化性、抗泡性等。

2. 液压油的选用原则

理想液压油是不存在的，各种液压油都会有着这样或者那样的不足，在选用液压油时应根据液压系统的工作条件和工作环境，并结合维护保养与经济因素综合考虑进行正确的选择。

（1）根据液压系统的工作压力选择

不同的工作压力对液压油品质的要求是有一定差异的。随着工作压力的增加，要求液压油的抗磨性、抗氧化性、抗泡性以及抗乳化性和水解安定性等性能也要相应提高。

另外，为防止由于压力增加而引起液压系统的泄漏，液压油的黏度也应相应增加；反之，则降低。不同工作压力下液压油黏度的选择见表1—2—2。

表1—2—2　　不同工作压力下液压油黏度的选择

工作压力（MPa）	0～2.5	2.5～8	8～16	16～32
液压油黏度（cSt）	10～30	20～40	30～50	40～60

（2）根据工作环境选择

工作条件较恶劣或工作环境温度较高，对油液的黏度指数、热稳定性、润滑性以及防锈蚀等性能有严格的要求。

一般情况下，如果设备的工作环境温度高（>40℃）或者设备靠近热源，为保证其液压系统的安全可靠，应优先选用闪点及黏度指数较高的油品；如果设备的工作环境条件恶劣或温差变化大，应选用黏度指数高及润滑性能优良的油品；如果设备的工作环境温度较低，应选择黏度较小的液压油。

（3）根据工作速度选择

当系统工作速度较低时，应选择黏度较高的液压油；反之，则选择黏度较低的液压油。

第二章　液压传动动力元件和执行元件

§2—1　液压传动动力元件

学习目标

◎掌握液压泵的分类、图形符号，了解常见液压泵的基本结构。
◎掌握齿轮泵的种类、结构和工作原理，了解齿轮泵的工作条件。
◎掌握齿轮泵的型号、含义，了解其技术规格及其应用。
◎掌握叶片泵的种类，了解单作用、双作用叶片泵的工作原理。
◎掌握液压压力机主轴液压回路特点和工作原理。

图2—1—1所示的不锈钢水果盘和水槽均是在液压压力机上压制成形的。液压压力机（图2—1—2）工作时，主轴产生的巨大压力是通过液压系统放大传输的。这需要提供动力的部件能够在工作过程中持续产生稳定的压力。这种动力产生的方式与人手压动液压千斤顶手柄产生的断续压力不同。

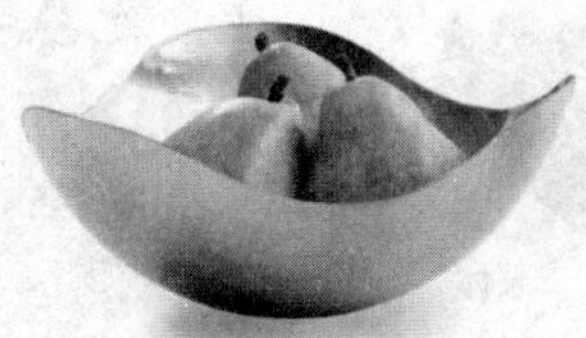

不锈钢水果盘的弯曲盆体没有切削加工的痕迹。

水槽槽体与弯曲的边缘是一体的，没有切削加工的痕迹或者焊接接缝。

图2—1—1　不锈钢压制成形制品

主轴在液压传动系统的驱动下带动压板向下运动，将放在工作台上的板材挤压成形。压制后，主轴复位。

图2—1—2　液压压力机

通过对第一章的学习，已经知道液压系统的动力元件是液压泵。那么，液压泵是如何提供动力的呢？其结构和工作原理是怎样的呢？如何正确使用液压泵呢？

一、液压泵的分类、基本结构及图形符号

1. 分类与基本结构

液压泵是一种能量转换装置，将原动机（电动机或内燃机）的机械能转换为工作液体的压力能。按照结构分类，常用的液压泵有齿轮泵、叶片泵、柱塞泵。它们的外形和基本结构如图 2—1—3 所示。本节将主要介绍液压传动系统中常用的齿轮泵、叶片泵的工作原理及应用。

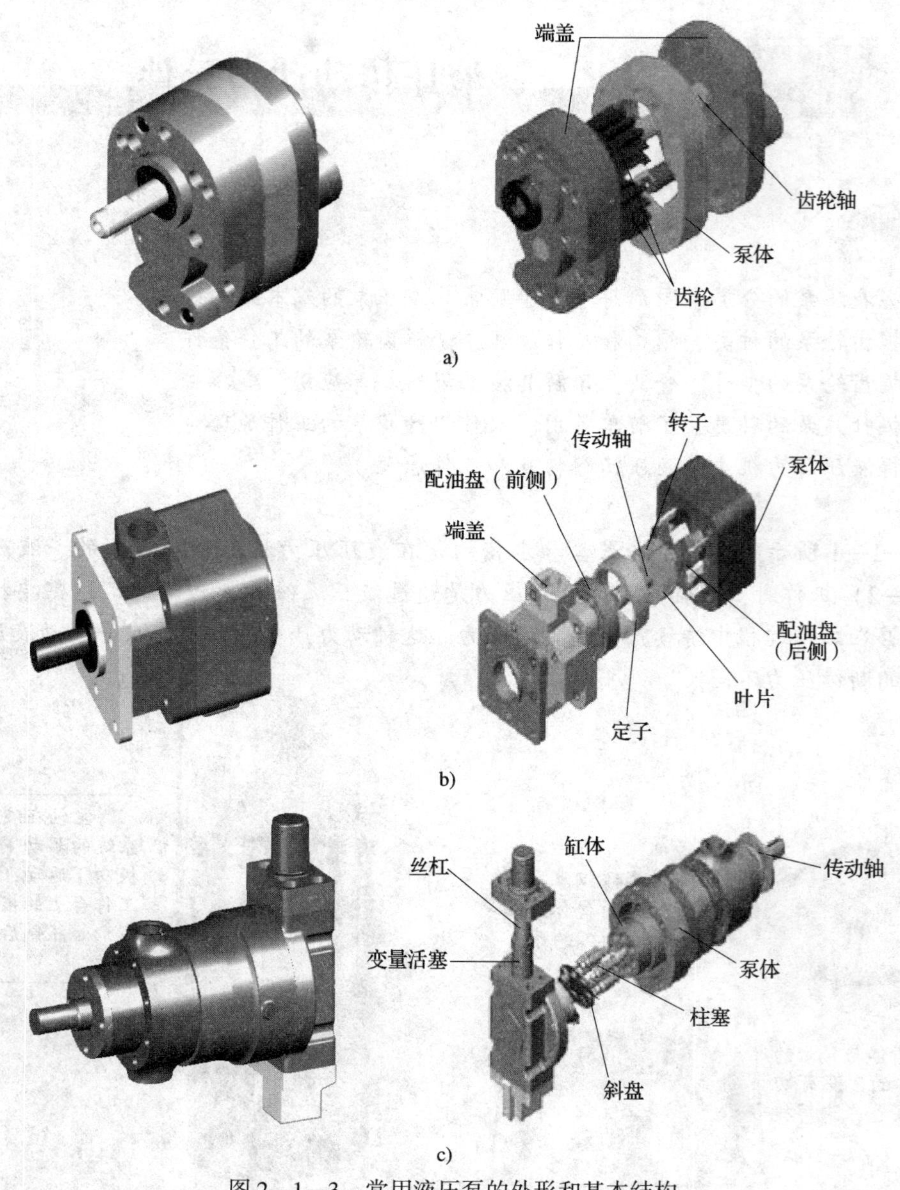

图 2—1—3　常用液压泵的外形和基本结构

a）外啮合齿轮泵　b）双作用叶片泵　c）斜盘式轴向柱塞泵

除了按照结构分类外，液压泵还有其他的分类方式。例如，按照泵的输出流量能否调节，液压泵可以分为定量泵和变量泵。定量泵输出的油量一定，而变量泵输出的油量可以调节。根据液压泵的输出方向是否可以变化划分，液压泵可以分为单作用泵和双作用泵。

2. 图形符号

液压泵在液压系统中使用特定的图形符号表达。根据液压泵的输油量的可调节性及输出方向的可变化性，国家标准分别规定了液压泵的图形符号，具体见表 2—1—1。

表 2—1—1　　常见液压泵的图形符号

名称	图形符号	名称	图形符号
单向定量泵		双向定量泵	
单向变量泵		双向变量泵	

二、齿轮泵

齿轮泵是机床液压系统中最常用的液压泵。它具有结构简单、制造容易、工作可靠、使用寿命长等优点。按结构特点划分，齿轮泵主要分为两种：外啮合齿轮泵和内啮合齿轮泵。

1. 齿轮泵的种类、工作原理

（1）外啮合齿轮泵（图 2—1—4）

a)

b)

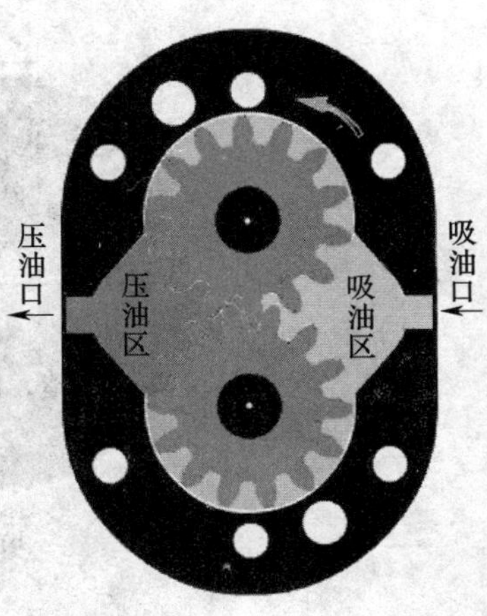

c)

图 2—1—4　外啮合齿轮泵

a）实物图　b）结构图　c）工作原理图

如图 2—1—4c 所示，当齿轮按图示方向旋转时，右方吸油区由于相互啮合的轮齿逐渐脱开，密封工作容积逐渐增大，形成部分真空。因此，油箱中的油液在外界大气压力的作用下，经吸油口进入吸油区，将齿间槽充满，并随着齿轮旋转，把油液带到左方压油区。随着齿轮的相互啮合，压油室密封工作腔容积不断减小，油液便被挤出，从压油口输送到压力管路中去。在齿轮泵的工作过程中，只要两个齿轮的旋转方向不变，其吸、压油腔的位置也确定不变。

从外啮合齿轮泵的工作原理可以看出，油泵在工作时吸油和压油是依靠吸油区和压油区容积变化来实现的，因此，这种液压泵也被称为容积泵。

（2）内啮合齿轮泵

在液压传动中，有时需要齿轮泵在较低的转速下输出较大的流量，这时外啮合齿轮泵不能满足这些需求，就要采用内啮合齿轮泵。

内啮合齿轮泵有渐开线齿形和摆线齿形两种，其结构如图 2—1—5 所示。这两种内啮合齿轮泵的工作原理和主要特点都与外啮合齿轮泵相同。在渐开线齿形内啮合齿轮泵中，小齿轮和内齿轮之间装有一块月牙隔板，将吸油腔和压油腔隔开，如图 2—1—5b 所示。摆线齿形内啮合齿轮泵又被称为摆线转子泵。在这种泵中，小齿轮和内齿轮只相差一个齿，因而不需设置隔板，如图 2—1—5c 所示。小齿轮是主动轮，大齿轮为从动轮，在工作时大齿轮随小齿轮同向旋转。

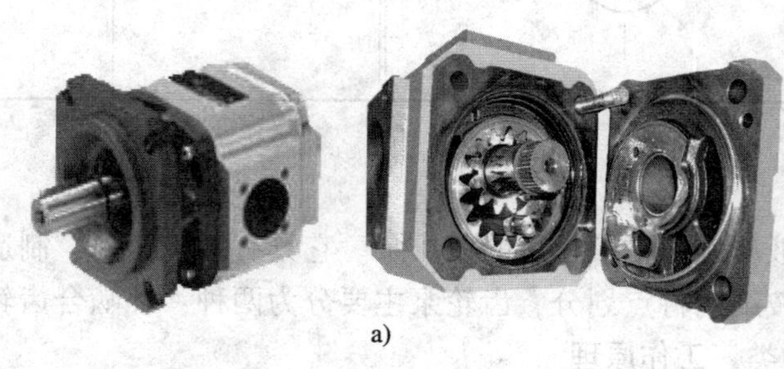

a)

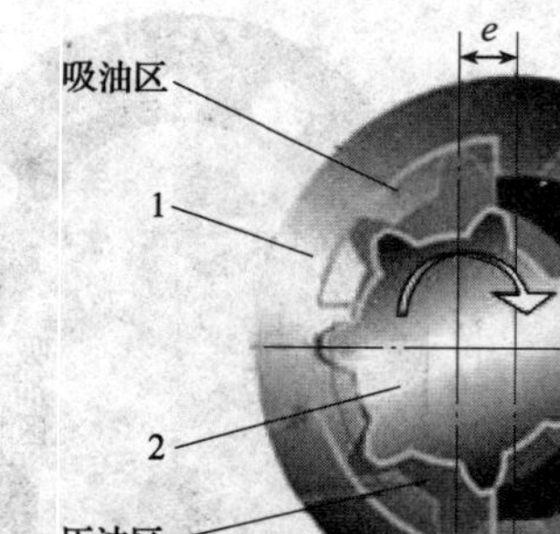

b)

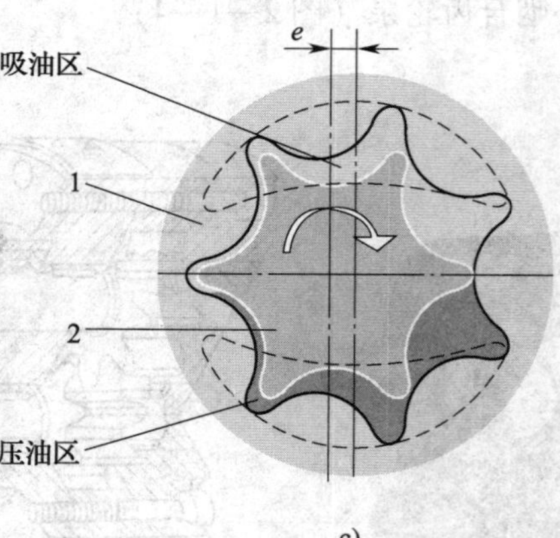

c)

图 2—1—5　内啮合齿轮泵

a）实物　b）渐开线齿形内啮合齿轮泵　c）摆线齿形内啮合齿轮泵

1—定子　2—转子

由于齿轮泵、叶片泵和柱塞泵都属于容积式液压泵，因此在工作原理上较类似。

2. 齿轮泵的工作条件

齿轮泵要实现吸油和压油必须具备四个条件：

(1) 无论是吸油还是压油，一定都要有密封容腔。

(2) 封闭容腔的容积逐渐由小变大时，实现吸油（实际上是大气压将油压入），该容腔被称为吸油腔；封闭容腔的容积由大变小时，实现压油，该容腔被称为压油腔。

(3) 无论是吸油还是压油，油液要保持连续不断。因此，每个齿轮泵都至少要有两个这样的封闭容腔，其中一个（或几个）作吸油腔，一个（或几个）作压油腔，两腔之间要由一段密封段（区域）或用配油装置（阀配油或轴配油）将两者隔开。

(4) 吸油过程中，油箱要与大气相通。

这四个条件也同样适用于其他液压泵。

3. 齿轮泵的型号、含义和技术规格

液压泵的性能参数主要是额定压力（单位：MPa）和额定流量（单位：L/min）。因此，齿轮泵的主要性能参数也是额定压力和额定流量。齿轮泵有多种型号，其表达方法如图 2—1—6 所示。

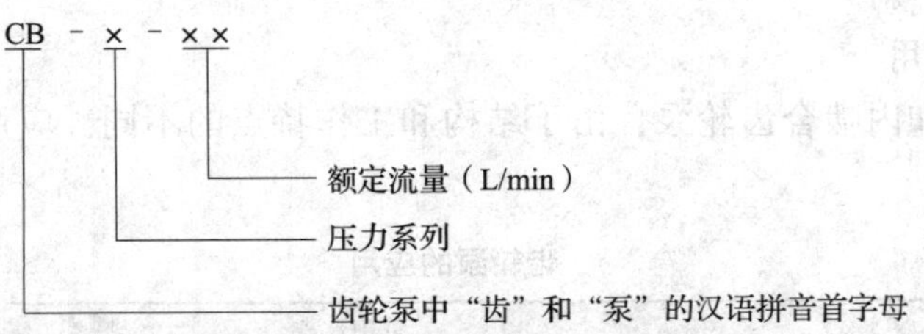

图 2—1—6　齿轮泵型号的表达方法

以 CB - B - 16 齿轮泵为例，对照表 2—1—2 可知，其含义是该齿轮泵的额定压力为 2.5 MPa，额定流量为 16 L/min。齿轮泵的额定流量有多种规格，齿轮泵的技术规格见表 2—1—2。

表 2—1—2　　齿轮泵的技术规格

型号	额定流量（L/min）	额定压力（MPa）	额定转速（r/min）
CB - B - 2.5	2.5	2.5	1 450
CB - B - 4	4		
CB - B - 6	6		
CB - B - 10	10		
CB - B - 16	16		
CB - B - 20	20		
CB - B - 25	25		
CB - B - 32	32		
CB - B - 40	40		
CB - B - 50	50		

续表

型号	额定流量（L/min）	额定压力（MPa）	额定转速（r/min）
CB－B－63	63	2.5	1 450
CB－B－80	80		
CB－B－100	100		
CB－B－125	125		

小知识

液压泵的主要性能参数的定义

额定压力：指液压泵在正常工作条件下，按试验标准规定连续运转的最高压力。

额定流量：指液压泵在正常工作条件下，按试验标准规定（如在额定压力和额定转速下）必须保证的流量。

4. 齿轮泵的应用

外啮合齿轮泵和内啮合齿轮泵，由于结构和工作特点的不同，应用的场合也不同，见表2—1—3。

表2—1—3　　　齿轮泵的应用

分类	特点	应用场合	实例
外啮合齿轮泵	在现有各类液压泵中，齿轮泵的工作压力仅次于柱塞泵。外啮合齿轮泵输出的流量较均匀，构造简单，工作可靠，维护方便，一般具有输送流量小和输出压力高的特点	由于其流量脉动大、噪声高和使用寿命有限，使其局限于作为运行在低压下的辅助泵及预压泵	压力机
内啮合齿轮泵	内啮合齿轮泵结构紧凑，尺寸小，质量轻，运转平稳，噪声低。在高转速工作时有较高的容积效率，是综合性能最好的泵之一，但在低速、高压下工作时，压力脉动大，容积效率低	在闭式系统中，常用这种液压泵作为补油泵。由于调速电传动技术的广泛应用，在很大程度上弥补了内啮合齿轮泵无法调节排量的缺点。因此，其在固定、移动设备中的应用将会迅速扩大	挖掘机

三、叶片泵

在生产实践中，叶片泵能够向液压系统连续输出压力油，给采用液压传动系统的设备提供平稳的动力。按照其每个工作腔在泵每转一周时吸油、压油的次数，叶片泵分为单作用和双作用两类。

1. 单作用叶片泵

单作用叶片泵的工作原理如图 2—1—7 所示。单作用叶片泵由转子、定子、叶片等组成。定子具有圆柱形内表面，定子和转子之间有偏心距 e。在吸油区和压油区之间有一段封油区将它们隔开。

当转子旋转一周时，每两叶片间的工作容腔只完成一次“由小到大”（吸油）和一次“由大到小”（压油）的过程。具有上述工作特点的叶片泵被称为单作用叶片泵。由于一个压油区和一个吸油区作用在转子上的液压力不能相互抵消，所以泵存在径向不平衡力，故单作用叶片泵又被称为不平衡式叶片泵。

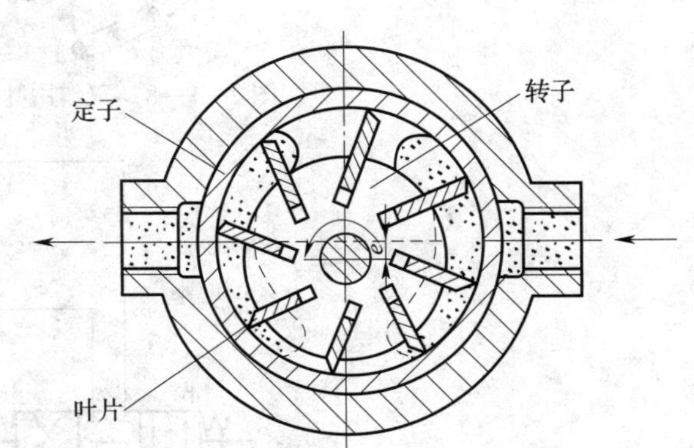

图 2—1—7 单作用叶片泵的工作原理

由于偏心距 e 的存在，如果在工作过程中设法改变 e 的大小，便可改变工作容腔的大小，这就形成了变量泵。如果偏心距 e 只能在一个直径方向上变化，形成变量，这样的叶片泵被称为单向变量泵；反之，如果偏心距 e 可在相反的两个直径方向变化，形成变量，则这样的叶片泵被称为双向变量泵。

2. 双作用叶片泵

双作用叶片泵的工作原理如图 2—1—8 所示。双作用叶片泵由转子、定子、叶片、配油盘等组成。它的工作原理与单作用叶片泵相似，不同之处只在于定子表面是由两段长半径圆弧、两段短半径圆弧和四段过渡曲线 8 个部分组成，并且定子和转子同心。在图 2—1—8 所示转子顺时针方向旋转的情况下，密封工作腔的容积在左上角和右下角逐渐增大，为吸油区，在左下角和右上角逐渐减小，为压油区；吸油区和压油区之间有一段封油区把它们隔开。这种泵的转子每转一转，每个密封工作腔完成吸油和压油动作各两次，所以称为双作用叶片泵。泵的两个吸油区和两个压油区是径向对称的，作用在转子上的液压力径向平衡，所以又称为平衡式叶片泵。

四、液压压力机主轴液压回路及动力元件的分析

液压压力机主轴液压传动系统的工作原理如图 2—1—9 所示。液压压力机作为一般机床，整个液压系统要求成本较低、维护方便。工作过程中，为了保证压制工件运动平稳，系统要求液压泵连续输出压力油。因此，常选择外啮合齿轮泵作为整个液压系统的动力元件。液压压力机在工作时，液压泵 2 由电动机带动，将油箱里的压力油吸入泵内，并通过阀 3、阀 4 进入液压缸 5，从而推动活塞，使其产生上下运动，并通过主轴带动压板 6 完成对工件的压制过程。其中，阀 3、阀 4、液压缸 5、阀 7 的作用、结构和工作原理，将在后续的章节中逐步学习。

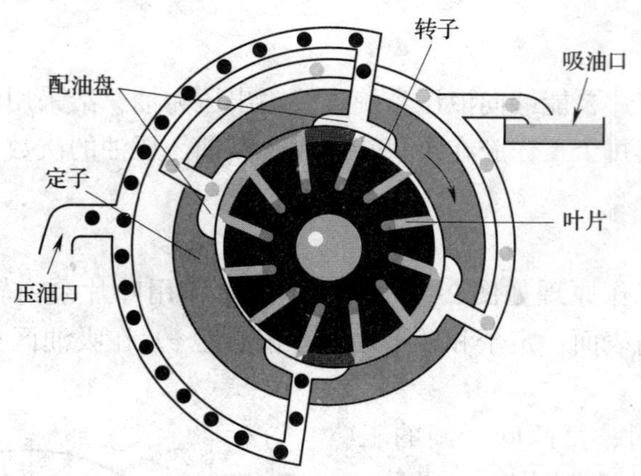

图 2—1—8　双作用叶片泵的工作原理

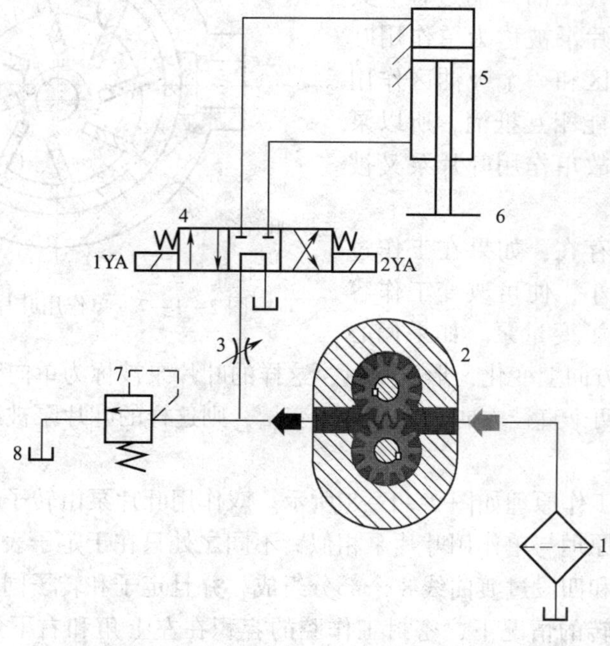

图 2—1—9　液压压力机主轴液压传动系统的工作原理图

1—过滤器　2—液压泵　3、4、7—阀　5—液压缸　6—压板　8—油箱

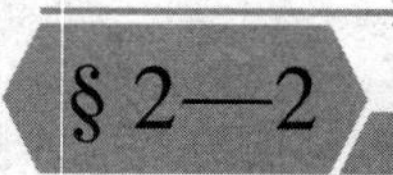

§2—2　液压传动执行元件

学习目标

◎了解液压缸的分类和结构特点。

◎掌握单出杆式、双出杆式双作用液压缸的连接形式、工作特点及应用。

◎了解液压马达的工作原理，与液压泵的区别及应用。

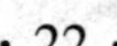

◎掌握动力滑台液压回路工作原理和执行元件运动特点。

◎掌握液压缸连接方式及应用场合。

◎了解液压元件的密封形式及特点。

图2—2—1所示为一台曲轴箱铁面组合机床，可以对曲轴进行钻孔加工。由于液压动力滑台的运动是在与之相连接的液压缸驱动下完成的，因此，需要液压缸的往复动作必须满足滑台工作循环的要求。液压缸如何工作才能够实现上述工作循环呢？首先要了解液压缸的种类、结构及其工作原理，其次了解其在液压系统中的连接方式及其运动特点，然后才能根据滑台的循环动作，分析出其运动速度和压力的要求，最后分析和了解该机床所采用的液压缸的结构形式和连接形式是否合适。

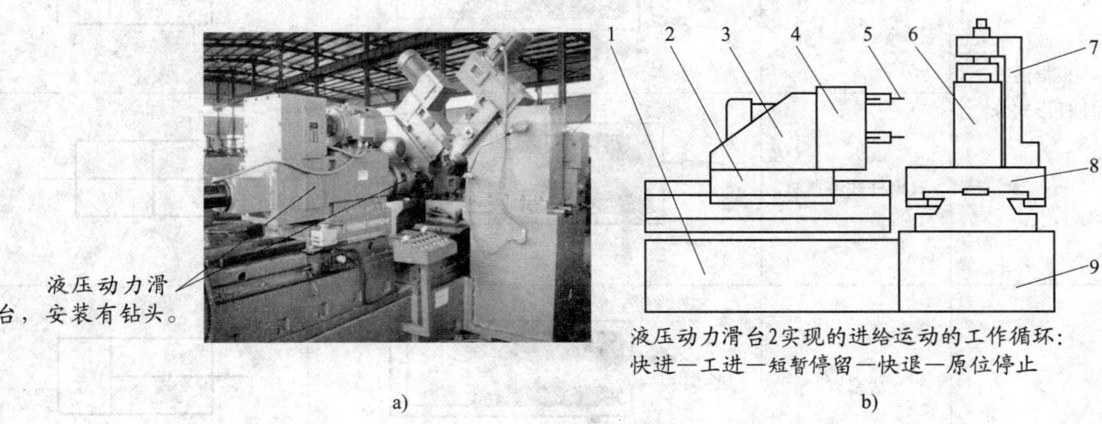

图2—2—1 曲轴箱铁面组合机床

a）实物 b）结构示意图

1—床身 2—液压动力滑台 3—动力头 4—主轴箱 5—刀具
6—工件 7—夹具 8—工作台 9—底座

在液压系统中常用的执行元件有液压缸和液压马达，液压缸执行的是往复直线运动，液压马达执行的是连续回转运动。由于常见的液压系统中主要采用液压缸作为执行元件，因此，液压传动执行元件的介绍以液压缸为主。

一、液压缸的分类和结构特点

1. 液压缸的分类

液压缸是一种将油液的压力能转换为机械能，对外做功的能量转换装置。按照不同的标准，液压缸的分类见表2—2—1。

表2—2—1 液压缸的分类

分类标准	分类	结构图	图形符号
根据两端的受压状态分	单作用缸		

续表

分类标准	分类	结构图	图形符号
根据两端的受压状态分	双作用缸	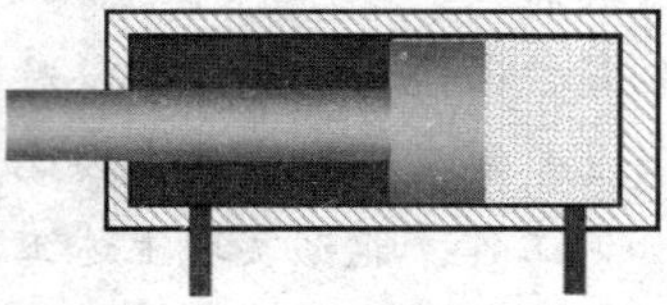	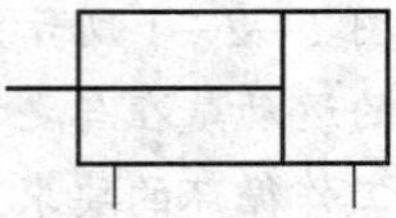
根据活塞杆形式分	单出杆式液压缸	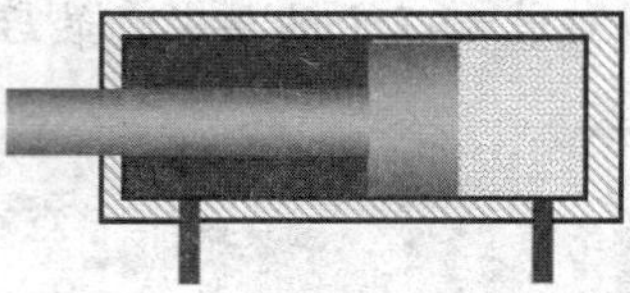	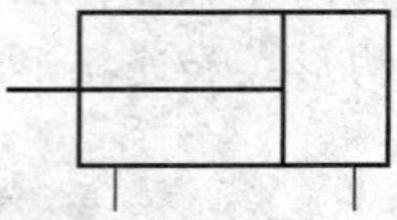
	双出杆式液压缸	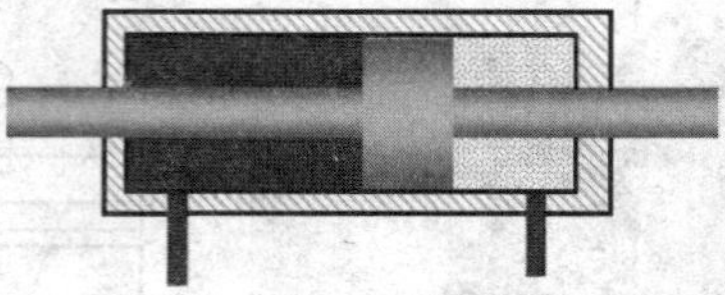	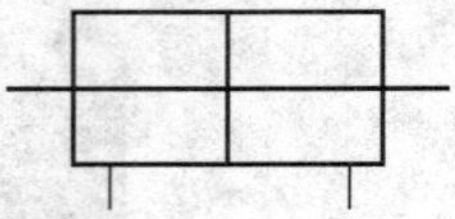
根据结构形式分	活塞缸	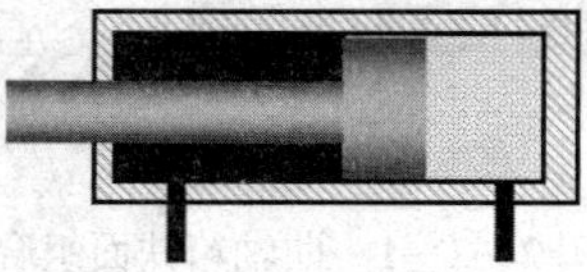	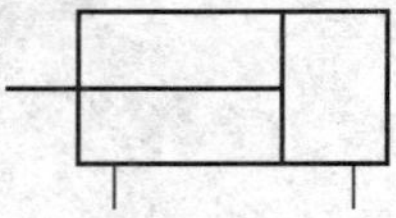
	柱塞缸	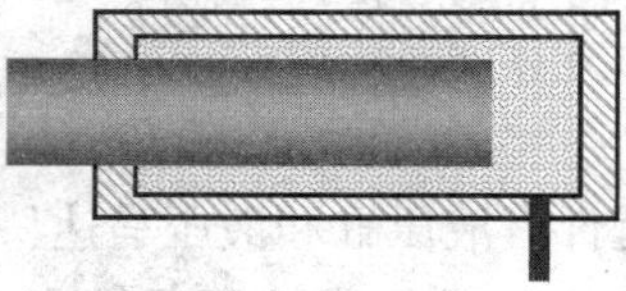	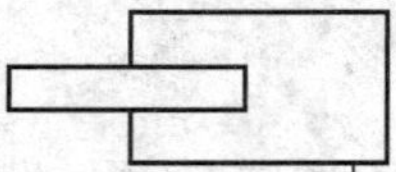
	伸缩套筒缸	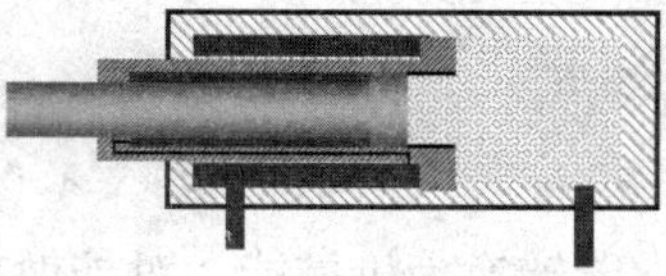	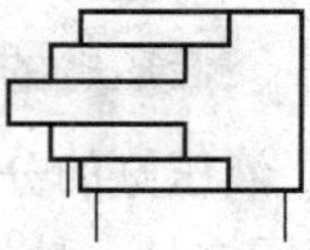
	齿轮齿条缸	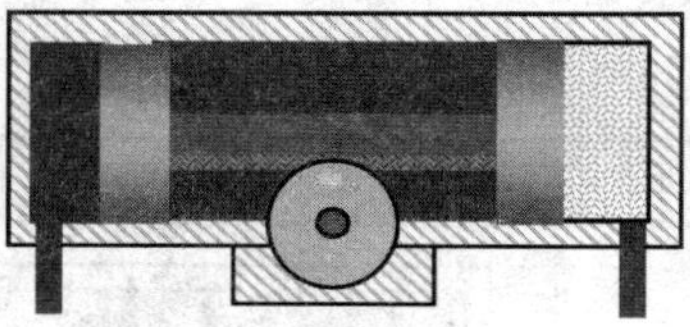	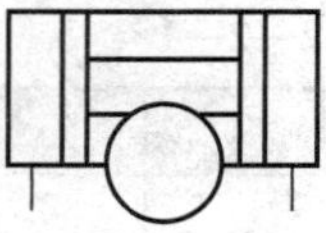

2. 液压缸的结构特点

在液压系统中最常见的液压缸主要有单出杆式双作用液压缸和双出杆式双作用液压缸，

如图 2—2—2 所示。它们主要采用活塞式的结构形式。下面以图 2—2—2a 所示单出杆式双作用液压缸为例，介绍液压缸的结构特点。

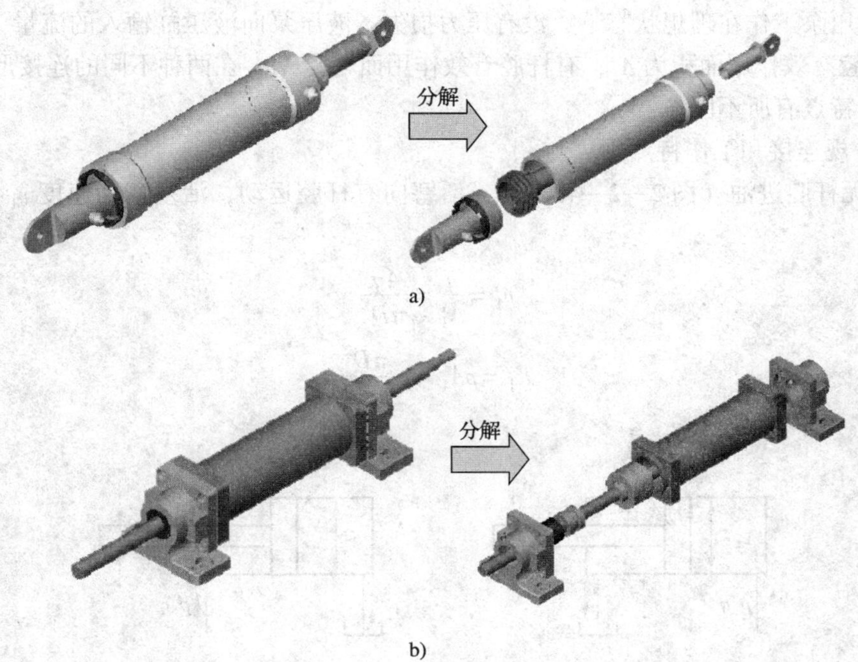

图 2—2—2　双作用活塞液压缸

a）单出杆式　b）双出杆式

单出杆式双作用活塞液压缸主要由活塞杆、活塞和缸体三大部分组成，如图 2—2—3 所示。其结构特点是液压缸内部有两个工作腔：一个有活塞杆的腔被称为有杆腔，另一个则被称为无杆腔。双出杆式双作用活塞液压缸与其相比，区别在于：它的两个工作腔都是有杆腔。

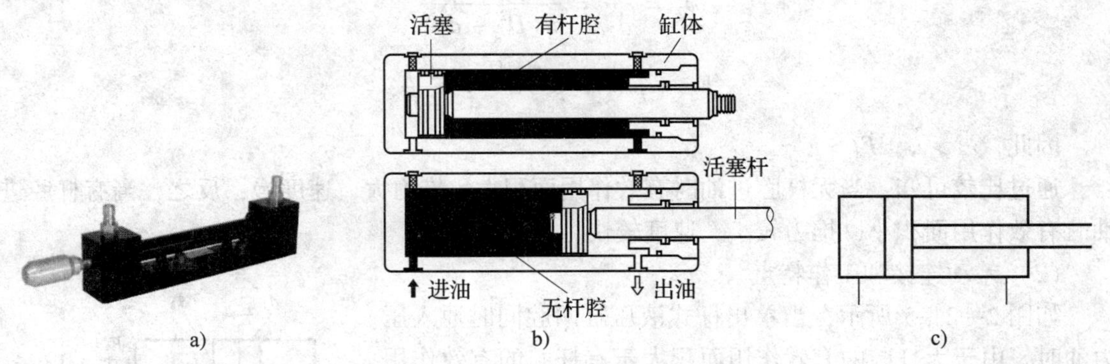

图 2—2—3　单出杆式双作用活塞液压缸

a）实物　b）工作原理　c）图形符号

单出杆式、双出杆式双作用液压缸在结构上的差异、不同的连接形式，会造成这两种液压缸在工作状态下存在着推力、运行特性和速度上的差异。下面将讨论液压缸的两种连接形式的推力和速度的计算。

二、单出杆式、双出杆式双作用液压缸的连接形式、工作特点及应用

1. 单出杆式双作用液压缸

假设液压泵工作在理想状态下，没有压力损失，液压泵向液压缸输入的流量为 q，压力为 p，无杆腔有效作用面积为 A_1，有杆腔有效作用面积为 A_2。在两种不同的连接形式下，液压缸的工作特点有所不同。

（1）常规连接和工作特点

1）当无杆腔进油（图 2—2—4a）时，活塞向有杆腔运动，活塞运动速度 v_1 及推力 F_1 为：

$$v_1 = \frac{q}{A_1} = \frac{4q}{\pi D^2}$$

$$F_1 = pA_1 = p\,\frac{\pi D^2}{4}$$

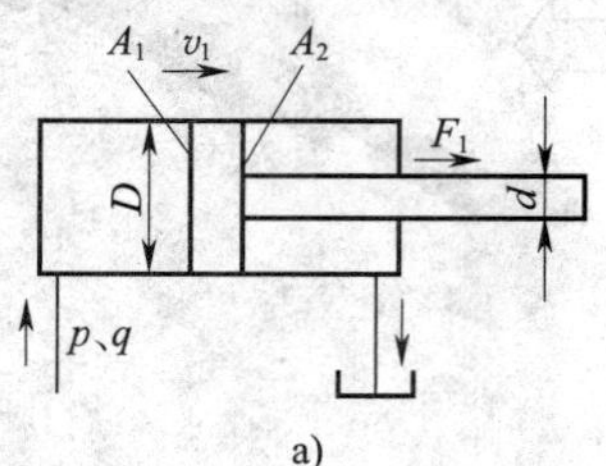

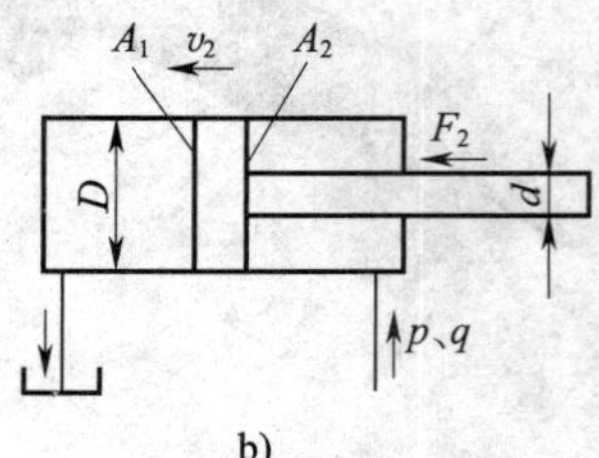

图 2—2—4　单出杆式双作用液压缸的常规连接

a）无杆腔进油　b）有杆腔进油

2）当有杆腔进油（图 2—2—4b）时，活塞向无杆腔运动，活塞运动速度 v_2 及推力 F_2 为：

$$v_2 = \frac{q}{A_2} = \frac{4q}{\pi(D^2 - d^2)}$$

$$F_2 = pA_2 = p\,\frac{\pi(D^2 - d^2)}{4}$$

因此，$v_2 > v_1$，$F_1 > F_2$。

通过比较可知：当无杆腔进油时有效作用面积大，推力大，速度慢；反之，当有杆腔进油时有效作用面积小，推力较小，速度较快。

（2）差动连接和工作特点

如图 2—2—5 所示，当单出杆式液压缸两腔同时通入压力油时，由于无杆腔的有效作用面积大于有杆腔的有效作用面积，使得活塞向右的作用力大于向左的作用力，因此，活塞向右运动，活塞杆向外伸出；与此同时，又将有杆腔的油液挤出，使其流进无杆腔，从而加快了活塞杆的伸出速度。单出杆式液压缸的这种连接方式被称为差动连接。

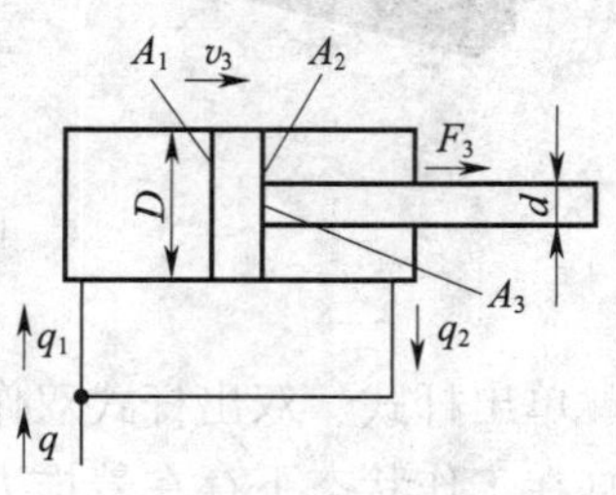

图 2—2—5　差动连接

假设液压泵向液压缸输入的流量为 q，压力为 p，无杆腔

的进油量为 q_1，有杆腔的排油量为 q_2，$q_1 = q + q_2$，则活塞运动速度 v_3 及推力 F_3 为：

因为
$$q_1 = q + q_2 = A_1 v_3$$

得
$$q = q_1 - q_2 = A_1 v_3 - A_2 v_3 = A_3 v_3 = v_3 \frac{\pi d^2}{4}$$

所以
$$v_3 = \frac{4q}{\pi d^2}$$

无杆腔、有杆腔同时进油时，由受力分析可知，活塞的推力为：

$$F_3 = pA_1 - pA_2 = p\frac{\pi D^2}{4} - p\frac{\pi(D^2 - d^2)}{4}$$

即
$$F_3 = p\frac{\pi d^2}{4}$$

因此，可以看出：$v_3 > v_2 > v_1$，$F_1 > F_2 > F_3$。

分析可知：当大小相同的单出杆式双作用液压缸实行差动连接时，液压缸的有效作用面积是活塞杆的横截面积，其获得的进给运动的速度 v_3 比单出杆式液压缸有杆腔进油获得的运动速度 v_2 还要快，因而液压缸差动连接时，可以获得快速运动。但是，相比之下，此时产生的推力 F_3 最小。

差动连接是在不增加液压泵容量和功率的条件下，实现快速运动的有效办法。这种两端同时通入压力油，利用活塞两端面积差进行工作的单出杆式液压缸，被称为差动液压缸。它在需要获得快速运动的液压系统中广泛应用。

2. 双出杆式双作用液压缸

双出杆式双作用液压缸的活塞两端都带有活塞杆，且两侧面积相等，将液压缸活塞两侧有效作用面积记为 A，如图 2—2—6 所示。因为双出杆式活塞液压缸的两活塞杆直径相等，所以，当输入流量和油液压力不变时，其往返运动速度和推力相等。液压缸的活塞运动速度 v 及推力 F 为：

$$v = \frac{q}{A} = \frac{4q}{\pi(D^2 - d^2)}$$

$$F = pA = p\frac{\pi(D^2 - d^2)}{4}$$

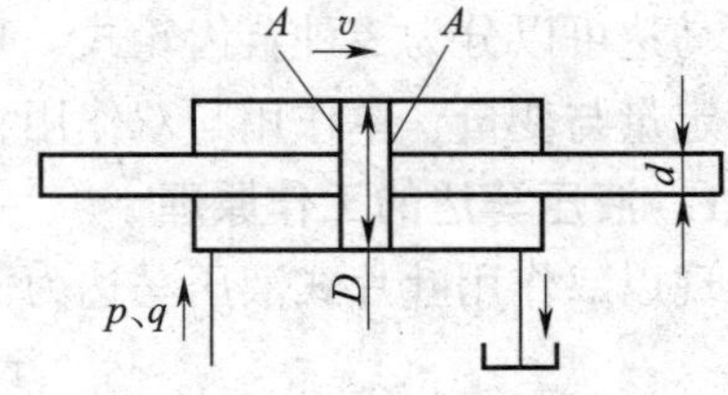

图 2—2—6 双出杆式双作用液压缸

3. 单出杆式和双出杆式双作用液压缸的比较与应用

（1）比较

1）当缸体内径和活塞杆直径相同时，双出杆式双作用液压缸产生的推力与单出杆式双作用液压缸常规连接时有杆腔进油时产生的推力一样大。不同的是，由于双出杆式双作用液压缸两个工作腔的有效作用面积一样大，可以很方便地实现往复速度一致。例如，平面磨床要求工作台往复匀速运行，此时可采用双出杆式双作用液压缸。

2）当缸体内径和活塞杆直径相同时，双出杆式双作用液压缸的工作行程比单出杆式双作用液压缸的工作行程大。双出杆式双作用液压缸的工作行程是缸筒有效长度的 3 倍，而单出杆式双作用液压缸的工作行程是缸筒有效长度的 2 倍。

（2）适用的工作场合

常见液压缸适用的工作场合见表 2—2—2。

表 2—2—2　　常见液压缸适用的工作场合

液压缸种类及连接形式		工作场合要求	
种类	连接	速度	推力
双作用单出杆式	常规连接	往返速度不要求一致，对返回速度要求不高	很大
	差动连接	速度要求很高	较小
双作用双出杆式	常规连接	往返速度一致，或工作行程较长	一般

三、液压马达及其应用

液压马达是液压系统中另一类执行元件。液压马达也是将油液的压力能转换为机械能的能量转换装置。输入液压马达的是压力油，输出的是转矩和回转运动。按照结构不同划分，液压马达可以分为 3 种：齿轮式、叶片式和柱塞式。按照其他的分类标准，液压马达还可以分为定量与变量、单作用与双作用、单联与多联等类型。

1. 液压马达的工作原理

现以双作用叶片式液压马达为例，说明液压马达的工作原理，如图 2—2—7 所示。

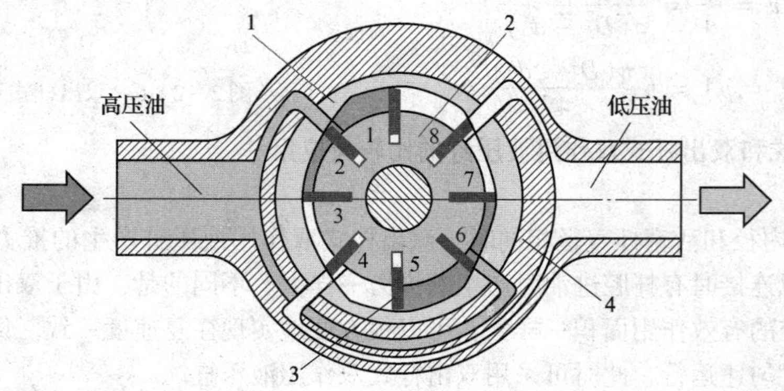

图 2—2—7　双作用叶片式液压马达

1—定子　2—转子　3—叶片　4—壳体

如图 2—2—7 所示，通入压力油后，位于压油腔中的叶片 2、6，由于两侧所受液体压力平衡不会产生转矩。如果叶片 1、3 和叶片 5、7 的一个侧面作用有压力油，而另一个侧面是回油，由于叶片 1、5 的伸出部分面积大于叶片 3、7，因而产生转矩使转子按顺时针方向旋转，输出转矩和转速。为了使液压马达通入压力油后马上能旋转，必须在叶片底部设置预紧弹簧，并将压力油通入叶片底部，使叶片紧贴定子内表面，以保证良好的密封。

2. 与液压泵的区别

从工作原理看，液压马达和液压泵是互逆的。但是，实际上两者在结构上存在着差异，所以，液压泵不可作为液压马达来使用。液压泵与液压马达的差异有：

（1）液压泵的进油口比出油口大，液压马达的进、出油口相同。

（2）结构上，液压泵要有自吸能力。

（3）液压马达要进行正、反转，结构具有对称性；液压泵只进行单方向旋转，不要求结构对称。

（4）液压马达的结构及润滑要能保证在较宽速度范围内正常工作。

（5）液压马达应有较大的启动转矩和较小的脉动。

3. 液压马达的应用

液压马达的应用如图 2—2—8 所示。压力油由液压泵输入，经过调速阀调速后进入液压马达，液压马达输出转矩，液压油经换向阀回油箱。

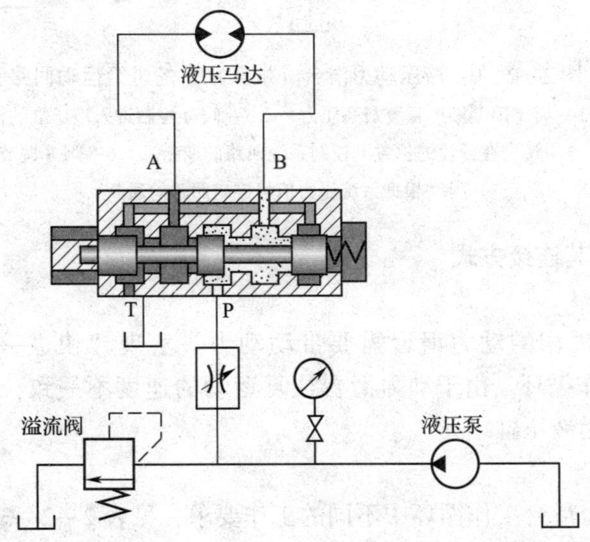

图 2—2—8　双作用叶片式液压马达的应用回路

四、动力滑台液压回路及执行元件的分析

1. 与动力滑台相连的液压系统工作原理

如图 2—2—9 所示，当快进时，油液通过阀 3 的左位进入液压缸 4，形成差动连接，活塞杆向右运动；压下阀 5，切断差动连接，形成液压缸的常规连接，油液通过阀 3 的左位，液压缸无杆腔进油，活塞杆慢速向右运动；当阀 3 换到右位时，液压缸的有杆腔进油，活塞杆快速向左退回。

图 2—2—9 中所示的各种阀的种类、作用、工作原理、图形符号等内容将在后续章节中继续学习。

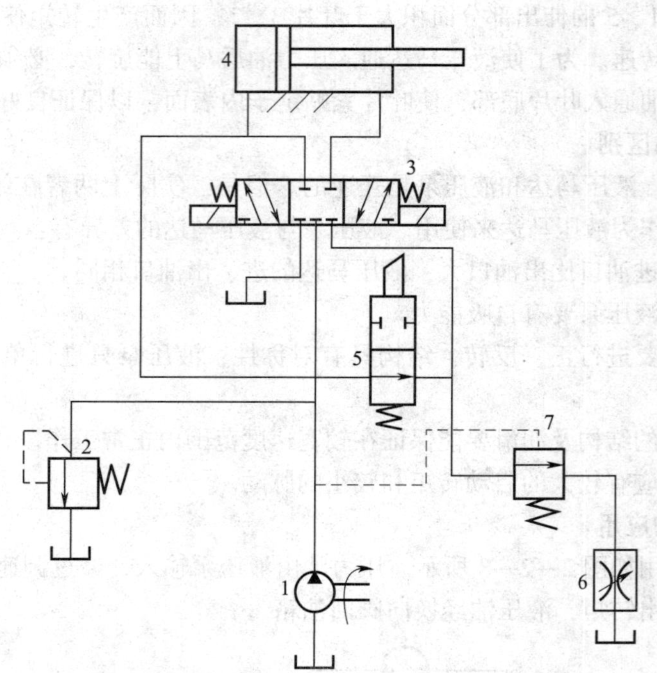

图 2—2—9　液压动力滑台（液压缸）的进给运动回路

1—液压泵　2—阀（限制液压系统最高压力）　3—阀（控制进入液压缸的油液的通路）
4—液压缸　5—阀（在预设的位置上控制系统回路的通断）　6—阀（调节油液速度）
7—阀（根据系统压力信号控制回路的通断）

2. 液压缸种类及其连接方式

（1）种类

曲轴箱铁面组合机床的动力滑台需要带动动力头实现“快进—工进—短暂停留—快退—原位停止”的工作循环。由于动力滑台往复运动的速度不一致，因此，该液压系统适合采用单出杆式双作用液压缸。

（2）连接方式

分析液压缸在动力滑台工作循环中不同的工作要求，见表 2—2—3。

表 2—2—3　液压缸的连接方式

工作循环阶段	快进	工进	短暂停留	快退	原位停止
速度	v_3（快）	v_1（慢）	—	v_2（较快）	—
推力	F_3（小）	F_1（大）	—	F_2（较小）	—
液压缸的连接方式	差动连接	常规连接，无杆腔进油	—	常规连接，有杆腔进油	液压缸不进油

由此分析可知，可以通过液压缸的不同连接方式实现动力滑台的往复移动，实现组合机床的进给运动。

〔知识拓展〕

液压元件的密封

为了防止液压元件在工作过程中压力油液渗漏，对环境造成污染，液压元件需要有密封装置，常见的密封形式有间隙密封、摩擦环密封、O 形圈密封、V 形圈密封（图 2—2—10）。

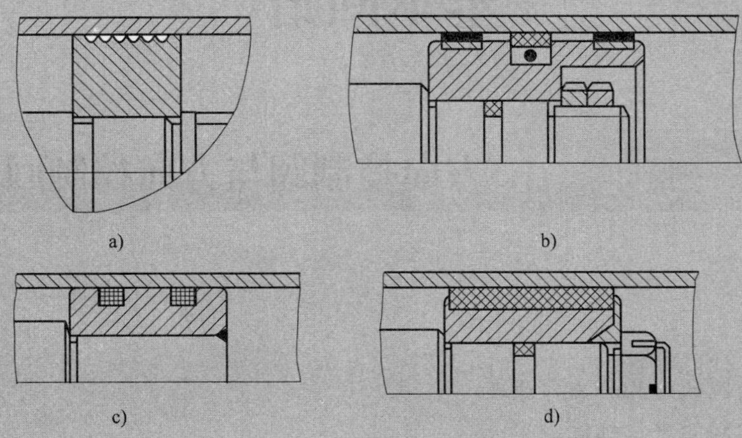

图 2—2—10　液压元件密封装置

a）间隙密封　b）摩擦环密封　c）O 形圈密封　d）V 形圈密封

1. 间隙密封

间隙密封依靠运动零件配合面之间的微小间隙来防止泄漏。它的结构简单、摩擦阻力小、可耐高温；但泄漏大、加工要求高、磨损后无法恢复原有能力。只有在尺寸较小、压力较低、相对运动速度较高的缸筒和活塞间使用。

2. 摩擦环密封

摩擦环密封依靠套在活塞上的摩擦环（用尼龙或其他高分子材料制成）在 O 形密封圈弹力作用下贴紧缸壁而防止泄漏。这种材料的密封效果较好、摩擦阻力较小且稳定、可耐高温，磨损后有自动补偿能力，但加工要求高、装拆较不便，适用于缸筒和活塞之间的密封。

3. O 形圈密封

O 形圈密封利用橡胶或塑料的弹性使各种截面的 O 形圈贴紧在静、动配合面之间来防止泄漏。其结构简单、制造方便、磨损后有自动补偿能力、性能可靠，可以在缸筒和活塞之间、缸盖和活塞杆之间、活塞和活塞杆之间、缸筒和缸盖之间使用。

4. V 形圈密封

与 O 形圈密封相似，但 V 形圈密封只能承受单向的工作压力液体。

第三章　液压传动控制元件与基本回路

§3—1　方向控制阀与方向控制回路

学习目标

◎ 掌握换向阀的结构和工作原理。
◎ 掌握换向阀的中位机能。
◎ 掌握换向阀的分类方法及种类。
◎ 掌握单向阀的种类、结构及工作原理。
◎ 掌握换向回路、锁紧回路的工作原理。
◎ 掌握方向控制回路的工作过程。

平面磨床主要用于磨削工件的表面，是机械行业常用的一种通用型机床，如图 3—1—1 所示。砂轮在主轴的带动下高速旋转；工件毛坯装夹在工作台上，工作台往返移动，在一个往返中毛坯两次经过砂轮，进行平面的磨削。

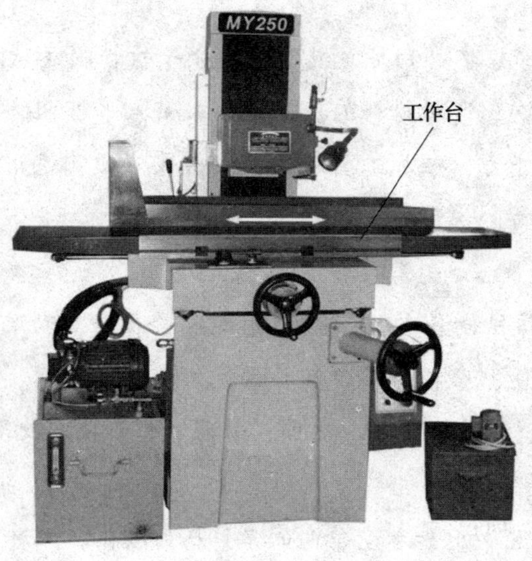

工作台的工作要求：
1. 执行磨削加工的进给运动，完成直线往复运动。
2. 能够在任意位置停止，且防止发生轴向窜动。

图 3—1—1　平面磨床及其工作台运动

工作台的进给运动由液压缸驱动。与工作台相连接的液压缸的运动是由什么样的液压控制回路实现的呢？改变液压缸活塞的运动方向、控制液压缸活塞的运动速度、让液压缸活塞在任意位置停止及防止其窜动，这些控制功能主要依靠哪些液压元件来实现呢？

一、方向控制阀

改变液压缸活塞的运动方向，实际上是控制液压系统中油液通入液压缸的流动方向。方向控制阀是液压系统中控制油液流动方向的控制元件。方向控制阀分为换向阀和单向阀。

1. 换向阀

（1）结构

换向阀的作用是利用阀芯位置的变动，改变阀体上各油口的通断状态，从而控制油路连通、断开或改变液流方向。

如图 3—1—2 所示为换向阀的实物图和结构原理图。从图 3—1—2 中可以看出，换向阀主要由阀芯 1、阀体 2、阀芯复位弹簧 3 和操纵装置 4 组成，阀体 2 上开有 5 个油口，分别是 P、T、A、B 和 L。其中，P 表示进油口，T 表示回油口，A、B 表示工作油口，L 表示泄油口。

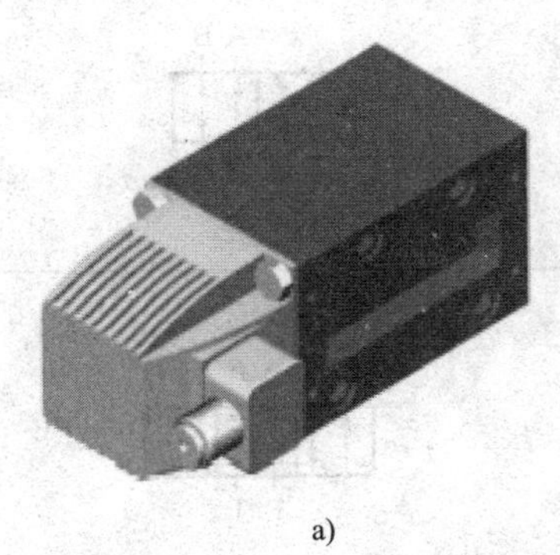

a）

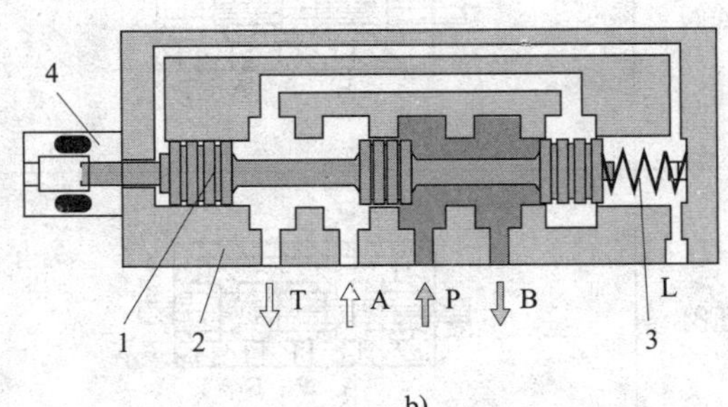

b）

图 3—1—2　换向阀

a）实物图　b）结构原理图

1—阀芯（滑阀）　2—阀体　3—阀芯复位弹簧　4—操纵装置

（2）图形符号

一个换向阀的完整图形符号应具有表明工作位置数、油口数和在各工作位置上油口的连通关系、控制方法以及复位、定位方法的符号。

1）换向阀阀芯的工作位置数称为“位”，用方框表示；与液压系统中油路相连通的油口数称为“通”。

2）在一个方框内，箭头表示两油口连接关系，并不表示油液的流动方向。“┬”或“┴”表示此油口不通流，箭头或“┴”符号与方框的交点数即油口的通路数，P 表示压力油的进口，T 表示与油箱连通的回油口，A 和 B 表示连接其他工作油路的油口。

3）在液压原理图中，换向阀的符号与油路的连接一般应画在常态位上。所谓常态位是指阀芯未受到操纵力时所处的位置。三位阀的中位是它的常态位，利用弹簧复位的二位阀以靠近弹簧的方框内的通路状态为常态位。根据常态位的内部通流状况，可分为常开型（常态位置两油口连通）和常闭型（常态位置两油口不连通）两种形式。

不同“通”和“位”的滑阀式换向阀主体部分的结构形式和图形符号见表 3—1—1。

表 3—1—1　　不同滑阀式换向阀主体部分的结构和图形符号

名称	结构原理图	图形符号
二位二通阀	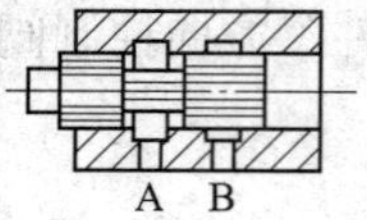 A B	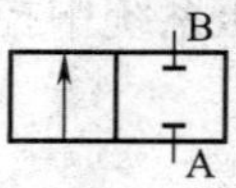 B A
二位三通阀	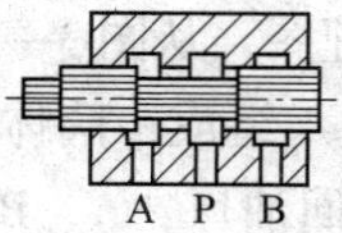 A P B	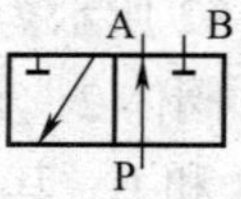 A B P
二位四通阀	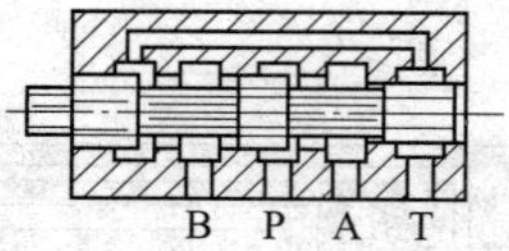 B P A T	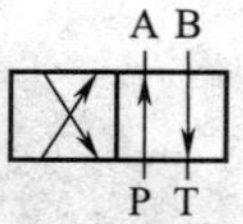 A B P T
三位四通阀	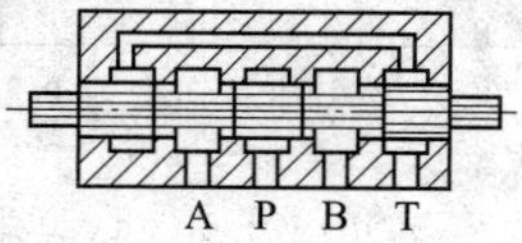 A P B T	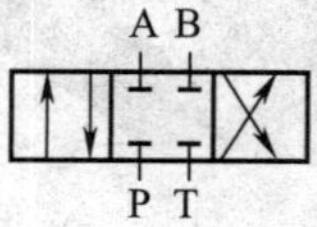 A B P T

（3）工作原理

以二位四通换向阀为例，介绍换向阀的工作原理。如图 3—1—3 所示为二位四通换向阀工作原理图。它是靠阀芯在阀体内做轴向移动，从而使相应的油路接通或断开的换向阀。阀芯是一个具有多条环形槽的圆柱体，而阀体孔内有若干条沉割槽，每条沉割槽都通过相应的孔道与外部相通。当阀芯向右移至最右端时，P 与 A、B 与 T 相通，液压缸活塞向右运动，如图 3—1—3a 所示；当阀芯向左移至最左端时，P 与 B、A 与 T 相通，液压缸活塞向左运动，如图 3—1—3b 所示。

（4）三位换向阀的滑阀（中位）机能

三位换向阀处于中位时各油口的连通方式称为它的滑阀（中位）机能。三位换向阀的滑阀机能有不同的类型，根据中位时接口的连通形式，常见的中位机能有“O”型、“H”型、“Y”型、“P”型和“M”型等，其滑阀机能及机能特点见表 3—1—2。

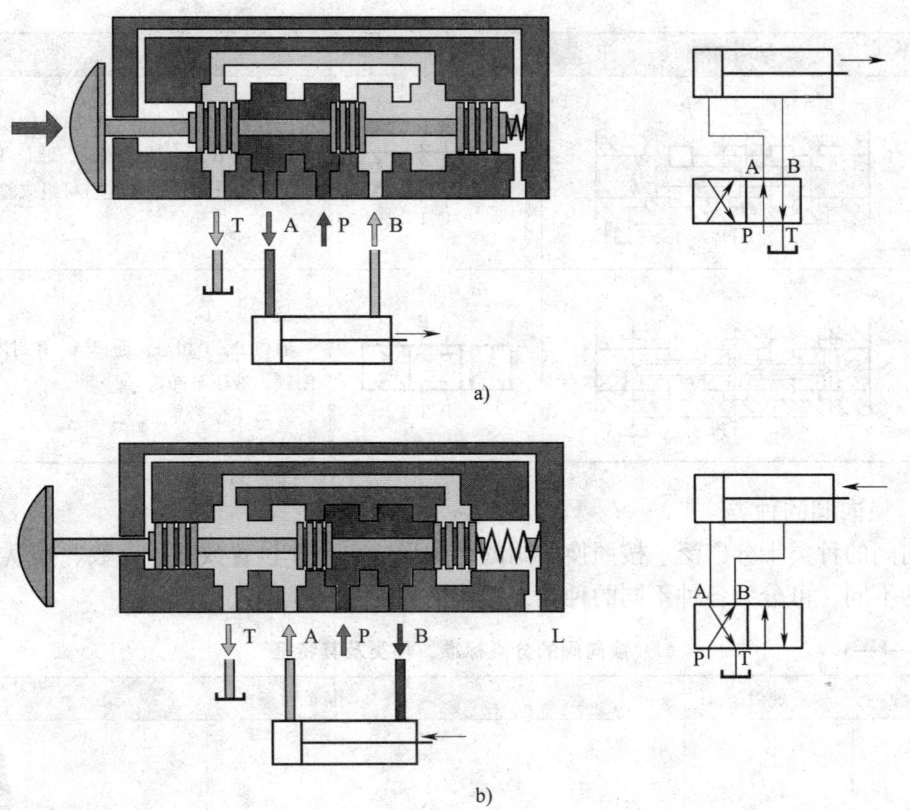

图 3—1—3　二位四通换向阀工作原理

a）阀芯处于最右端　b）阀芯处于最左端

表 3—1—2　　　　　　　　常见三位换向阀的滑阀机能

型号	结构简图	图形符号	特点
O			P、A、B、T 四个通口全部封闭，液压缸闭锁，液压泵不卸荷
H			P、A、B、T 四个通口全部相通，液压缸活塞呈浮动状态，液压泵卸荷
Y			通口 P 封闭，A、B、T 三个通口相通，液压缸活塞呈浮动状态，液压泵不卸荷

续表

型号	结构简图	图形符号	特点
P	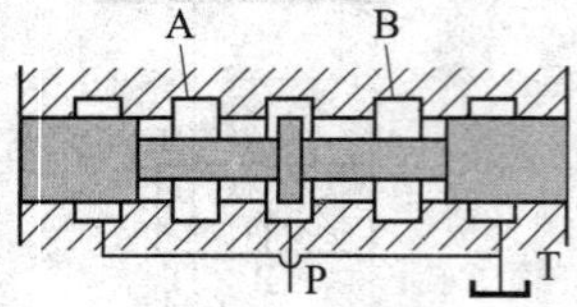 A B P T	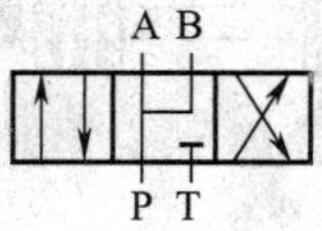 A B P T	P、A、B 三个通口相通，通口 T 封闭，液压泵与液压缸两腔相连，可组成差动回路
M	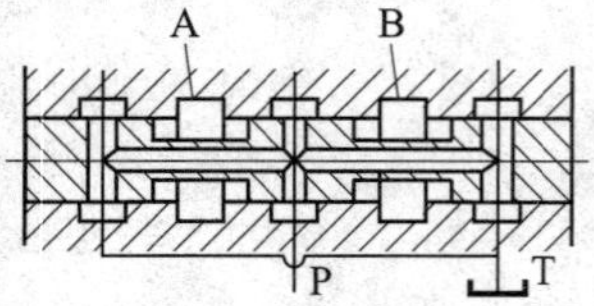 A B P T	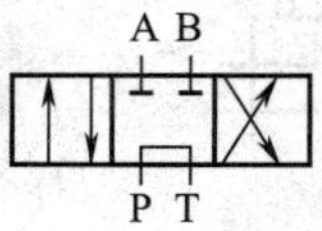 A B P T	通口 P、T 相通，通口 A、B 封闭，液压缸闭锁，液压泵卸荷

（5）换向阀的种类

换向阀的种类十分广泛。按照换向阀的结构形式、工作位置数和通路数、操纵方式、安装方式的不同，可分为各种不同的种类，具体见表 3—1—3。

表 3—1—3　　换向阀的分类标准、种类及其特征

分类标准	种类	特征及图示	
按结构形式	滑阀	阀芯在阀体或阀套内做轴向移动	
	转阀	通过旋转部件（如转动挡板）旋转 90°，使阀从开位变化至关位	
	锥阀	由可移动的锥形阀芯对流体流过的截面进行控制	
按工作位置数和通路数	二位二通	具有两个工作位置，两个各不相通且可与系统中不同油管相连的油道接口	

续表

分类标准	种类	特征及图示
按工作位置数和通路数	二位三通	具有两个工作位置，三个各不相通且可与系统中不同油管相连的油道接口
	二位四通	具有两个工作位置，四个各不相通且可与系统中不同油管相连的油道接口
	三位四通	具有三个工作位置，四个各不相通且可与系统中不同油管相连的油道接口
按操纵方式	手动	
	机动	顶杆式　滚轮式　弹簧式
	电动	
	液动	
	电液动	
按安装方式	管式	
	板式	
	法兰式	

2. 单向阀

（1）普通单向阀（图3—1—4a）

普通单向阀（简称单向阀）控制油液只能按某一方向流动，而反向截止，故又称止回阀。

普通单向阀的结构如图3—1—4b所示，图形符号如图3—1—4c所示。它由阀体1、阀芯2、弹簧3等组成。当压力油从T（B）反向进入时，油液压力和弹簧力将阀芯压紧在阀座上，阀口关闭，油液不能通过，如图3—1—5a所示。当压力油从P（A）进入时，油液推力克服弹簧力，推动阀芯移动，打开阀口，压力油经阀芯上的径向孔a，轴向孔b，从T（B）流出，如图3—1—5b所示。

a)

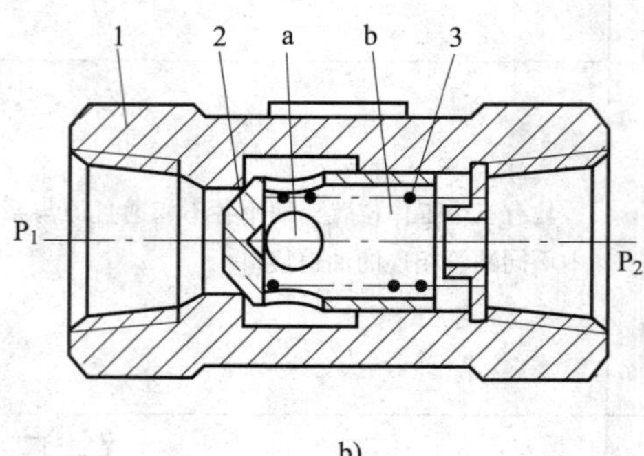

b)

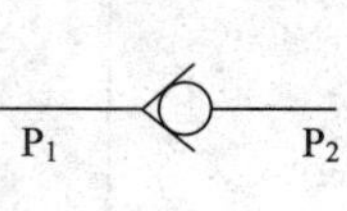

c)

图3—1—4　普通单向阀

a）实物图　b）结构图　c）图形符号

1—阀体　2—阀芯　3—弹簧　a—径向孔　b—轴向孔

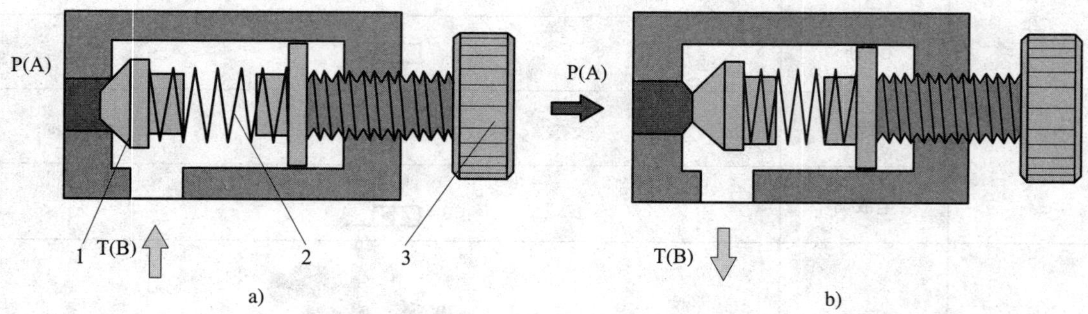

图3—1—5　单向阀工作示意图

a）单向阀反向截止　b）单向阀正向导通

1—阀芯　2—弹簧　3—手轮

P（A）—进油口　T（B）—出油孔

由于单向阀的弹簧较软，因此，其工作灵敏、可靠，开启压力一般为0.035～0.1 MPa。

（2）液控单向阀（图3—1—6a）

在液压系统中，有时需要使被单向阀闭锁的油路重新接通。因此，将单向阀的闭锁方向做成可以控制的结构，这就是液控单向阀。液控单向阀是依靠控制油液压力以使单向阀反向流通的阀。

液控单向阀的结构如图3—1—6b所示，图形符号如图3—1—6c所示。当液控口K不通

压力油时，油液只可以从 P_1 进入，P_2 流出，此时阀的作用与普通单向阀相同，如图 3—1—7a 所示。但是，当液控口 K 通压力油时，推动活塞通过顶杆使阀芯右移，阀即保持开启状态，液流双向都自由通过，如图 3—1—7b 所示。一般控制油的压力不应低于油路压力的 30% ~50%。

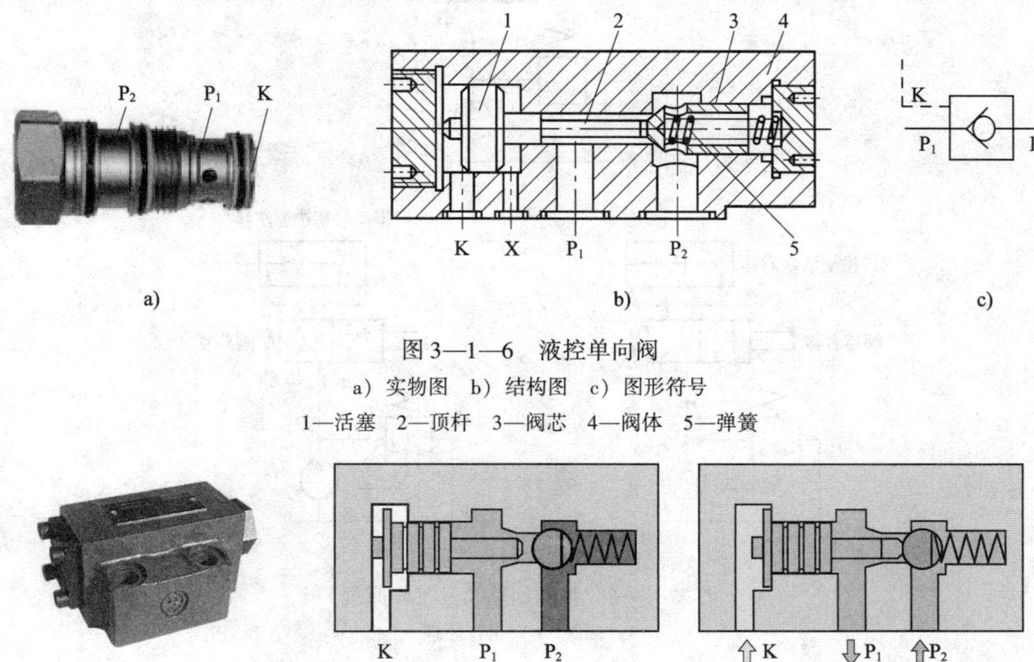

图 3—1—6　液控单向阀

a）实物图　b）结构图　c）图形符号

1—活塞　2—顶杆　3—阀芯　4—阀体　5—弹簧

图 3—1—7　液控单向阀工作示意图

a）液控口 K 不通油时　b）液控口 K 通油时

二、方向控制回路

在液压系统中，利用方向控制阀控制压力油的通断和流动方向的回路称为方向控制回路。它在液压系统中用于实现执行元件的启动、停止以及改变运动的方向。方向控制回路可分为换向回路与闭锁回路。

1. 换向回路

液压系统中执行元件运动方向的变换一般由换向阀实现。根据执行元件换向的要求，可采用二位四通（或五通）、三位四通（或五通）等换向阀。控制方式可以是人力、机械、电气、直接压力和间接压力（先导）等，其中以电磁换向阀最为常用，尤其在自动化程度要求较高的组合机床液压系统中被广泛采用。

图 3—1—8a 所示为采用二位四通电磁换向阀的换向回路。电磁铁通电时，阀芯右移，压力油进入液压缸左腔，推动活塞向右移动（工作进给）；电磁铁断电时，弹簧力使阀芯左移复位，压力油进入液压缸右腔，推动活塞向左移动（快速退回），如图 3—1—8b 所示。

2. 闭锁回路

闭锁回路（又称锁紧回路）是用以实现执行元件在任意位置停止，并防止其停止后窜动的回路。

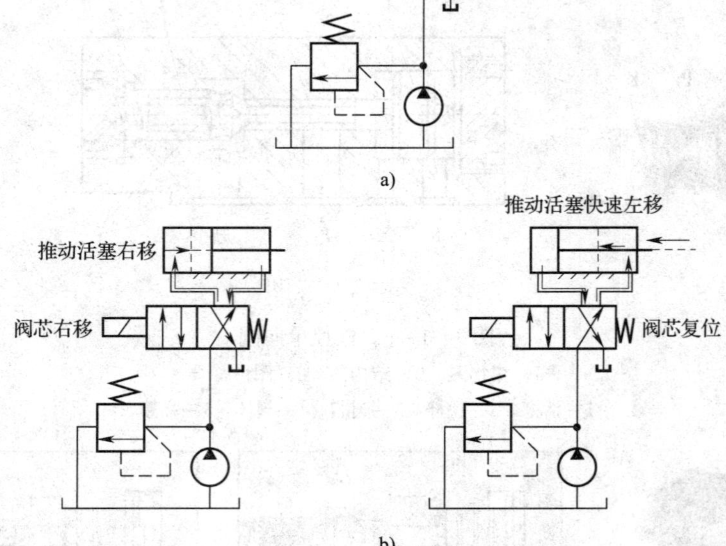

图 3—1—8　换向回路及其工作原理

a）回路　b）工作原理

（1）利用三位换向阀的中位机能实现闭锁

图 3—1—9 所示为采用三位四通“O”型中位机能换向阀的闭锁回路。当手柄处于中间位置时，弹簧使阀芯处于中位，液压缸的两个工作油口被封闭，此时液压缸两腔都充满油液。在理想状态下，油液被认为是不可压缩的，所以从理论上讲，液压缸所承受的向左或向右的外力均不能使活塞移动，活塞被双向锁紧。因此，在设备上调节行程开关挡铁的位置，就可以使活塞锁紧在任意行程位置上。

这种闭锁回路结构简单。由于滑阀式换向阀为了确保阀芯能在阀体内滑动，阀芯和阀体之间总存在间隙，因此，换向阀内部存在泄漏。所以，采用滑阀式换向阀的锁紧回路的闭锁效果较差。

（2）采用液控单向阀和三位换向阀配合实现闭锁

由于滑阀式换向阀的间隙泄漏，造成油路锁紧效果差，因此，油路上增加液控单向阀，利用锥阀关闭的严密性，保证油路的锁紧。

图 3—1—10 所示为采用液控单向阀和三位换向阀配合的闭锁回路。阀芯处于中间位置时，液压泵卸荷，输出油液经换向阀回油箱，由于系统无压力，两液控单向阀关闭，液压缸左右两腔的油液均不能流动，活塞被双向闭锁。当换向阀左边电磁铁通电时，阀芯右移，左位接入系统，压力油经左侧单向阀进入液压缸左腔，同时进入右侧单向阀的控制油口，打开右侧单向阀，液压缸右腔的油液可经右侧单向阀及换向阀回油箱，活塞向右运动。当换向阀右边电磁铁通电时，阀芯左移，右位接入系统，压力油经右侧单向阀进入液压缸右腔，同时打开左侧单向阀，使液压缸左腔油液经左侧单向阀和换向阀回油箱，活塞向左运动。液控单向阀利用锥面锁紧，有良好的密封性，锁紧效果较好。

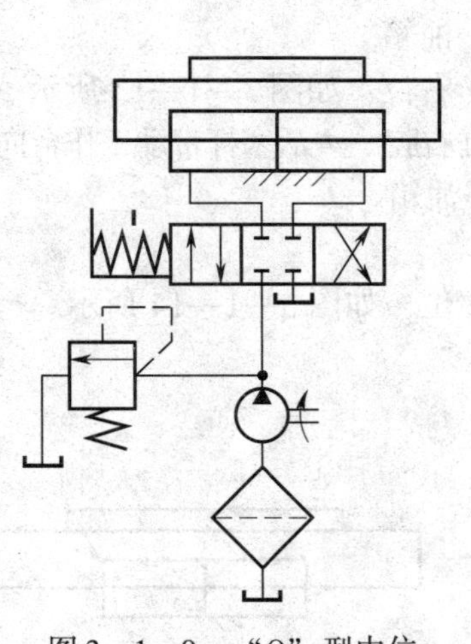

图 3—1—9 “O”型中位机能换向阀的闭锁回路

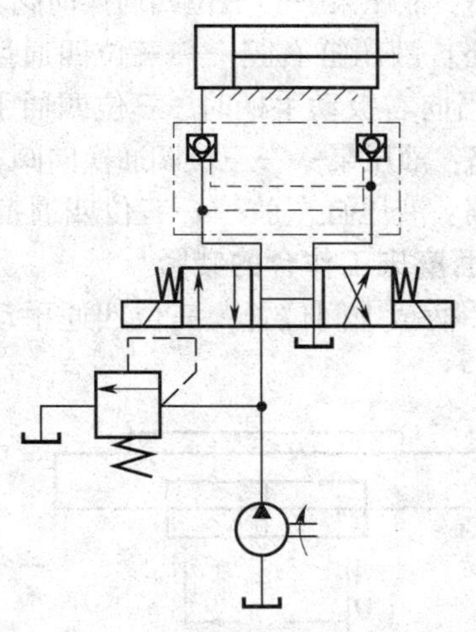

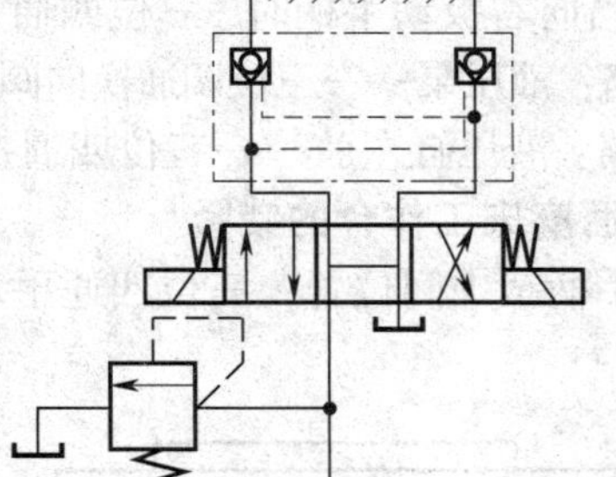

图 3—1—10 采用液控单向阀和三位换向阀配合的闭锁回路

三、平面磨床工作台液压回路的分析

平面磨床工作台的往复直线运动是由方向控制阀组成的方向控制回路来实现的，如图 3—1—11 所示。采用了滑阀机能为“O”型的三位换向阀组成闭锁回路，保证工作台能在任意位置停止，且不发生轴向窜动。

1. 平面磨床工作台运动方向控制

（1）当向左扳动手柄时，三位四通手动换向阀处于左位，如图 3—1—12 所示。

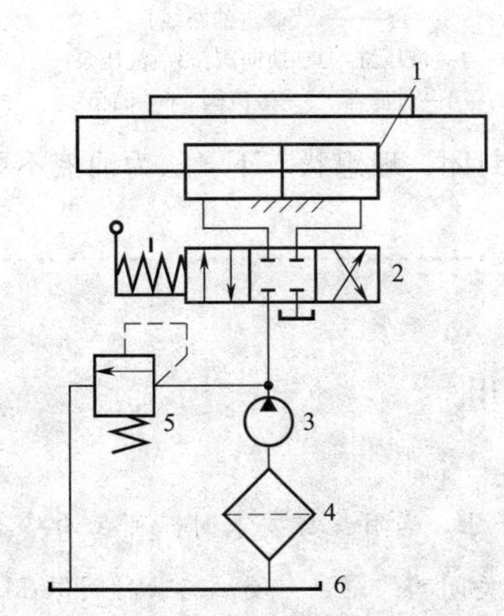

图 3—1—11 平面磨床工作台的液压传动原理图
1—液压缸 2—换向阀 3—液压泵
4—过滤器 5—溢流阀 6—油箱

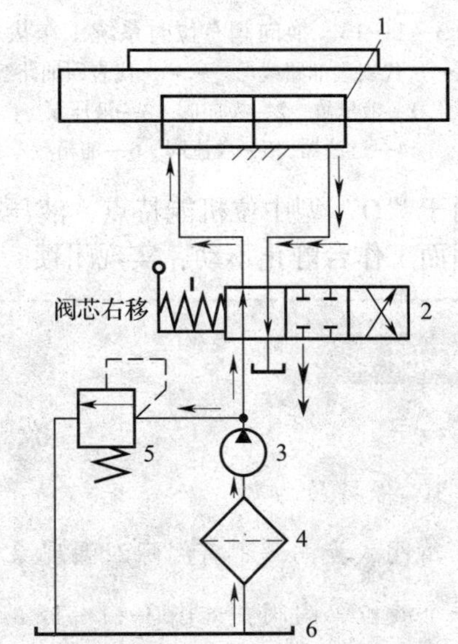

图 3—1—12 换向阀左位时系统工作状态
（→— 代表进油路线，→→—代表回油路线）
1—液压缸 2—换向阀 3—液压泵
4—过滤器 5—溢流阀 6—油箱

进油路：液压泵──→三位四通换向阀左位──→液压缸左腔──→活塞杆带动工作台向右运动。

回油路：液压缸右腔──→三位四通换向阀左位──→油箱。

（2）当向右扳动手柄时，三位四通手动换向阀处于右位，如图 3—1—13 所示。

进油路：液压泵──→三位四通换向阀右位──→液压缸右腔──→活塞杆带动工作台向左运动。

回油路：液压缸左腔──→三位四通换向阀右位──→油箱。

2. 平面磨床工作台的锁紧

扳动手柄至中间位置，三位四通手动换向阀处于中位，如图 3—1—14 所示。

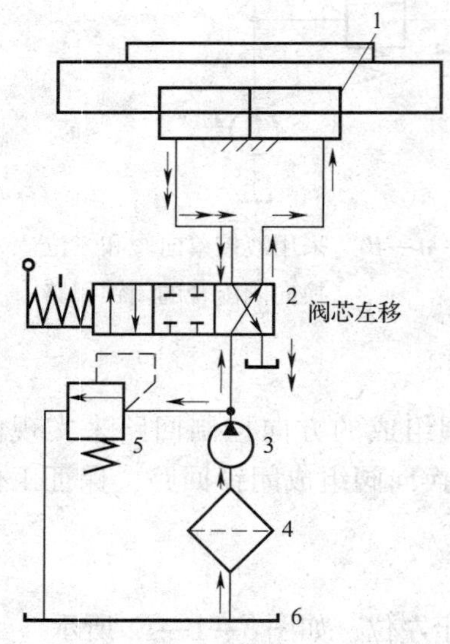

图 3—1—13　换向阀右位时系统工作状态
（─→─ 代表进油路线，─→→─代表回油路线）
1—液压缸　2—换向阀　3—液压泵
4—过滤器　5—溢流阀　6—油箱

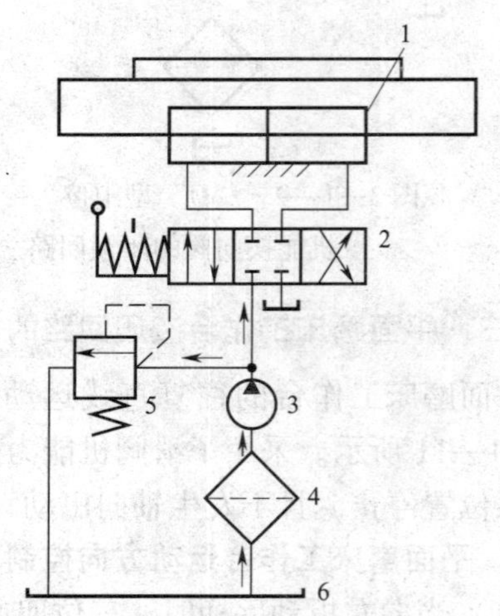

图 3—1—14　换向阀中位时系统工作状态
（─→─ 代表进油路线）
1—液压缸　2—换向阀　3—液压泵
4—过滤器　5—溢流阀　6—油箱

由于“O”型中位机能特点，液压缸两腔油液被封闭，理想状态下，认为油液不可压缩，因而工作台静止不动，实现闭锁。

〔知识拓展〕

液控单向阀的作用

1. 保持压力

滑阀式换向阀都有间隙泄漏现象，只能短时间保压。当有保压要求时，可在油路上加一个液控单向阀，如图 3—1—15a 所示，利用锥阀关闭的严密性，使油路长时间保压。

2. 用于液压缸的“支撑”

如图 3—1—15b 所示，液控单向阀接于液压缸下腔的油路，可防止立式液压缸的活塞和滑块等活动部分因滑阀泄漏而下滑。

液控单向阀的作用

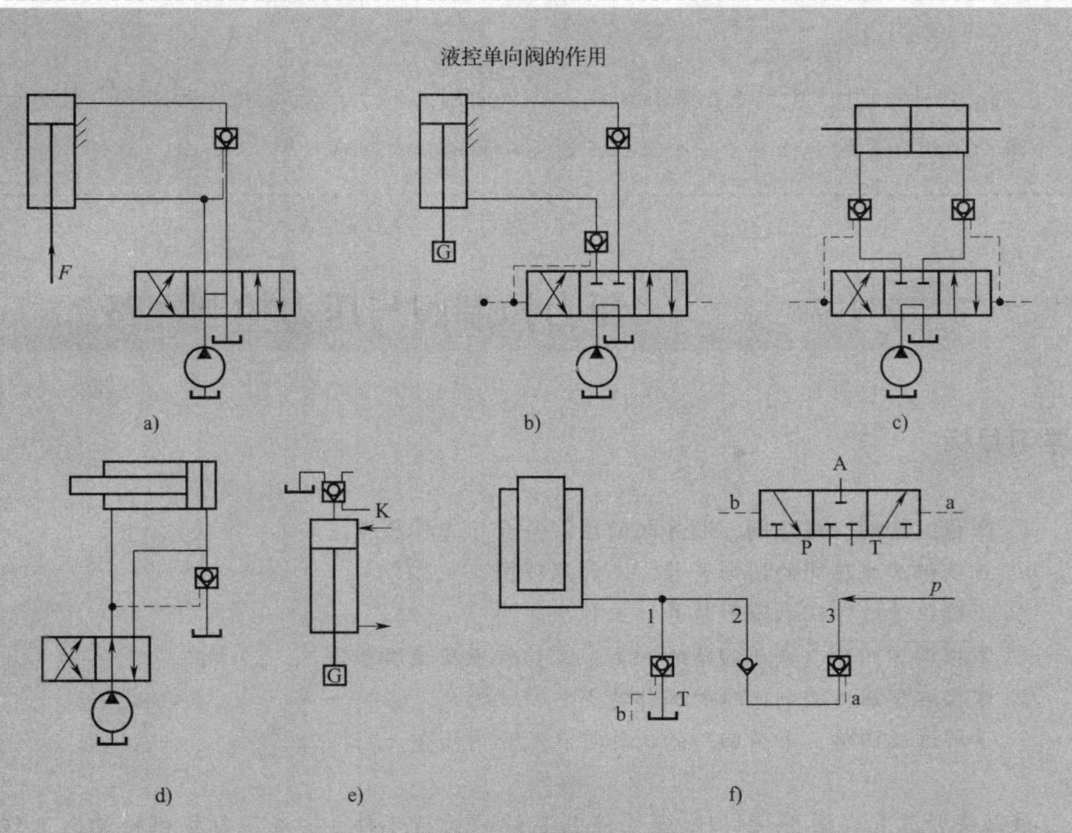

图 3—1—15 液控单向阀的用途

a）保持压力 b）支撑液压缸 c）锁紧液压缸 d）大流量排油 e）充油阀 f）组合成换向阀

3. 实现液压缸的锁紧状态

如图 3—1—15c 所示，换向阀处于中位时，两个液控单向阀关闭，严密封闭液压缸两腔的油液，这时活塞就不能因外力作用而产生移动。

4. 大流量排油

图 3—1—15d 中液压缸两腔的有效工作面积相差很大。在活塞退回时，液压缸右腔排油量骤然增大，此时若采用小流量的滑阀，会产生节流作用，限制活塞的后退速度；若加设液控单向阀，在液压缸活塞后退时，控制压力油将液控单向阀打开，便可以顺利地将右腔油液排出。

5. 作为充油阀使用

立式液压缸的活塞在高速下降过程中，因高压油和自重的作用，致使下降迅速，产生吸空和负压，必须增设补油装置。图 3—1—15e 所示的液控单向阀作为充油阀使用，以完成补油功能。

6. 组合成换向阀

图3—1—15f所示为液控单向阀组合成换向阀的例子，是用两个液控单向阀和一个单向阀组合成的，相当于一个三位三通换向阀的换向回路。

§3—2 压力控制阀与压力控制回路

学习目标

◎ 掌握溢流阀、减压阀、顺序阀的图形符号、工作原理。
◎ 正确识读减压阀的图形符号、工作原理图。
◎ 正确识读顺序阀的图形符号、工作原理图。
◎ 掌握调压回路、减压回路的种类、工作特点及应用场合。
◎ 掌握典型压力控制回路的工作特点。
◎ 了解增压回路、卸荷回路的工作特点及应用场合。

液压夹紧装置（图3—2—1）是由液压系统的执行元件——液压缸提供持续的工作压力。液压夹紧装置的液压缸所在的油路属于数控机床的液压系统的分支，根据夹紧需要，分支油路输出夹紧力。其油压低于数控机床液压系统主油路。这需要利用具有减压功能的控制元件来实现。而且，一旦分支油路的压力超过夹紧装置所需压力时，液压夹紧装置的液压回路应该可以通过某个特定控制元件将超出的压力卸下来，恢复稳定的压力。

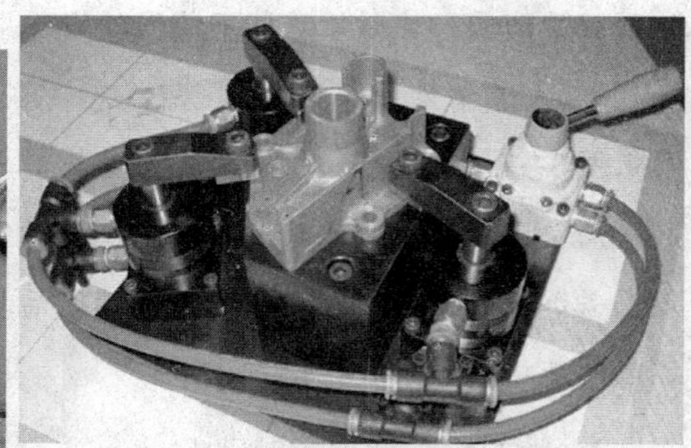

在数控机床上利用液压系统的压力对工件进行夹紧。液压夹紧装置要保持持续、稳定的夹紧力，直到工件加工完毕，主轴和刀具退回初始位置。

图3—2—1 液压夹紧装置

本节要掌握上述两种功能的控制元件的结构和工作原理，要了解液压夹紧装置的液压回路如何工作达到液压夹紧装置的要求。

一、压力控制阀

在液压系统中，控制工作液体压力的阀称为压力控制阀，简称压力阀。常用的压力阀有溢流阀、减压阀和顺序阀等。它们的共同特点是利用作用于阀芯上的油液压力和弹簧力相平衡的原理进行工作。

1．溢流阀（图3—2—2）

溢流阀的主要功能是通过阀口的溢流，使被控制系统或回路的压力维持恒定，实现稳压、调压或限压的作用。对溢流阀的要求是调压范围大，调压偏差小，压力振摆小，动作灵敏，过流能力大，噪声小。

（1）溢流阀的工作原理

溢流阀的工作原理图如图3—2—2c所示。当作用在滑阀端面上的油液压力小于弹簧力时，阀芯在弹簧力作用下左移，阀口P关闭，没有油液经过出口T流回油箱。当系统压力升高，从而使作用在滑阀端面上的油液压力大于弹簧力时，弹簧被压缩，阀芯右移，阀口P打开，部分油液经过出口T流回油箱，使系统内压力下降。这样就限制了系统压力继续升高，使压力保持在与弹簧力相等的恒定数值上。所以，溢流阀中的弹簧用于调节溢流阀的溢流压力。溢流阀工作时，阀芯随着系统压力的变动而左右移动，从而维持系统压力近于恒定。

在液压系统中，常用的溢流阀有直动式和先导式两种。直动式溢流阀用于低压系统，先导式溢流阀用于中、高压系统。

（2）直动式溢流阀

直动式溢流阀能够使作用在阀芯上的进油压力直接与弹簧力相平衡。图3—2—3所示为直动式溢流阀的结构图，P（A）是进油口，T（B）是回油口，进口压力油直接作用在阀芯的左端面上。当进油压力较小时，阀芯在弹簧的作用下处于左端位置，将P和T两油口隔开，如图3—2—3a所示。当进口压力升高，在阀芯左端所产生的作用力超过弹簧力时，阀芯右移，阀口被打开，将多余的油排回油箱，如图3—2—3b所示，保持进口压力近于恒定。通过调整弹簧上的调整螺母可以改变弹簧力，也就调整了溢流阀的动作压力值。直动式溢流阀的滑动阻力大（弹簧较硬），特别是当流量较大时，阀的开口大，使弹簧有较大的变形量。这样，阀所控制的压力随着溢流流量的变化而有较大的变化（压力变化值大），故只适用于低压系统中。

（3）先导式溢流阀

先导式溢流阀是为操纵其他阀或元件中的控制机构而使用的辅助阀。先导式溢流阀有多种结构，图3—2—4所示为一种典型的先导式溢流阀，它由先导阀和主阀两部分组成。其工作原理是锥式先导阀芯（简称先导阀芯）2、主阀芯上的阻尼孔（固定节流孔）及调压弹簧1一起构成先导阀部分，负责向主阀芯6的上腔提供经过先导阀稳压后的油液。主阀芯上端面、下端面均有油液压力形成的作用力。其合力驱动主阀芯上下移动，调节溢流口的大小，最后达到调节并稳定进油口压力（即液压传动系统压力）的目的。

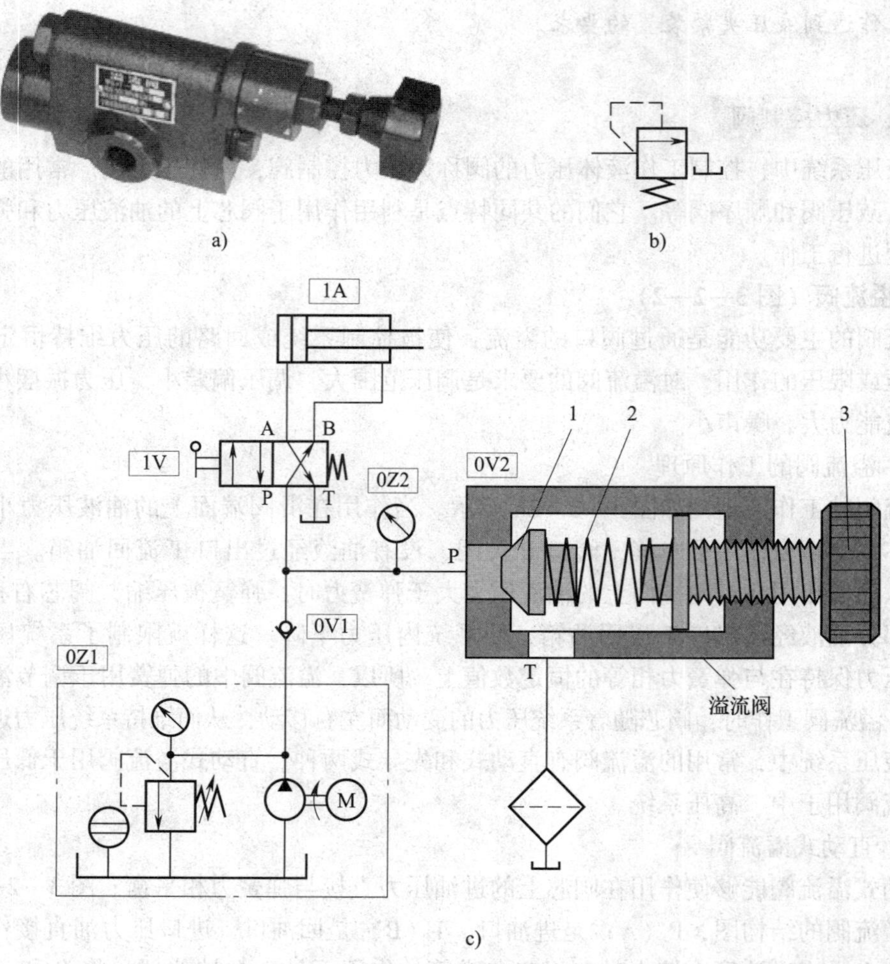

图 3—2—2　溢流阀

a）实物图　b）图形符号　c）工作原理图

1—阀芯　2—弹簧　3—手轮

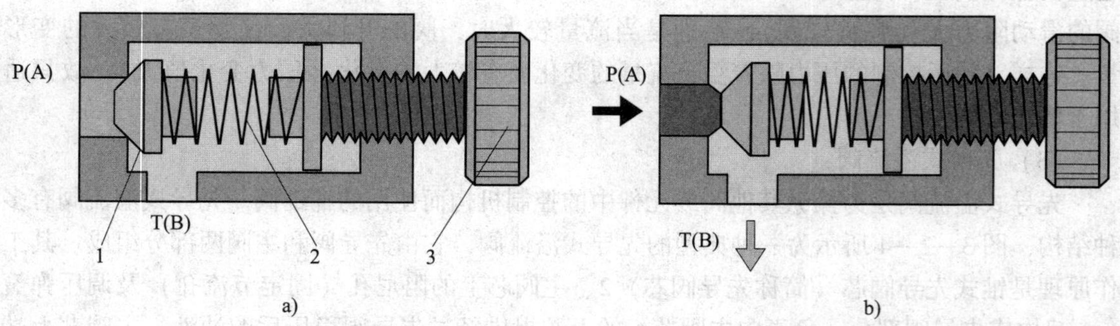

图 3—2—3　直动式溢流阀

a）阀芯闭合　b）阀芯打开

1—阀芯　2—弹簧　3—手轮

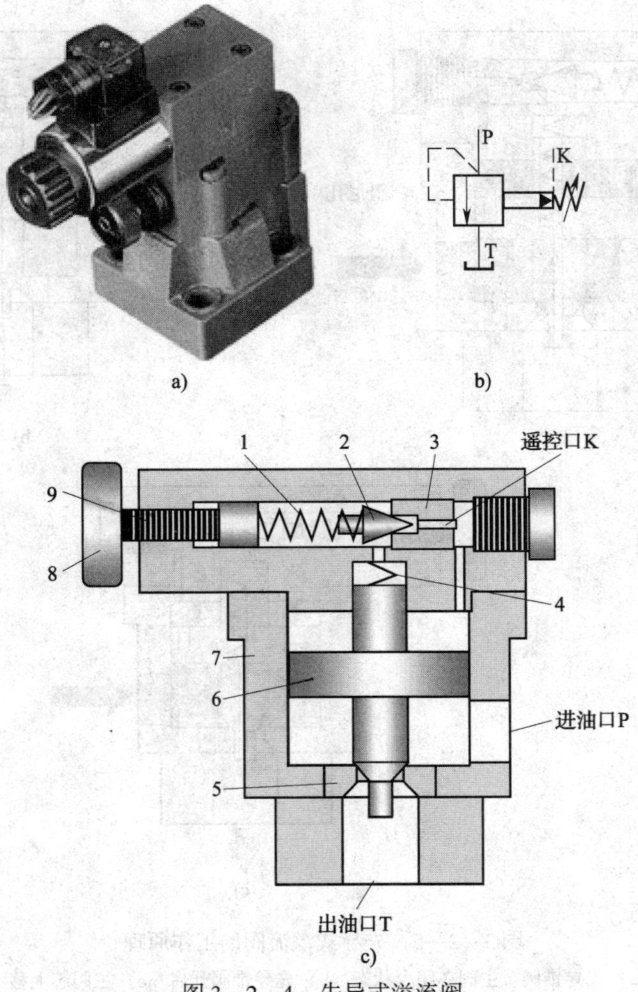

图 3—2—4　先导式溢流阀

a）实物图　b）图形符号　c）结构

1—调压弹簧　2—锥式先导阀芯　3—先导阀座　4—主阀弹簧

5—主阀座　6—主阀芯　7—阀体　8—调节手轮　9—调节螺钉

先导式溢流阀的工作原理如图 3—2—5 所示。工作时，油液压力同时作用于主阀芯及先导阀上。当先导阀芯未打开时，阀腔中没有油液流动。由于主阀芯上端面的有效面积大于下端面，作用在主阀芯上端面的作用力大于下端面的作用力，主阀芯在合力的作用下处于最下端位置，主阀口关闭，如图 3—2—5a 所示。当进油压力增大，使先导阀芯打开时，液流通过主阀芯上的阻尼孔流回油箱，如图 3—2—5b 所示。由于阻尼孔的阻尼作用，主阀芯所受到的下端面油液作用力大于上端面的油液作用力，主阀芯在合力的作用下上移，打开阀口，实现溢流，并维持压力基本稳定，如图 3—2—5c 所示。通过调节手轮调节先导阀的调压弹簧，便可调整溢流压力。

（4）溢流阀在液压系统中的功用

1）溢流稳压。在液压系统中，溢流阀调定系统的压力恒定，使多余压力油从溢流阀流回油箱。

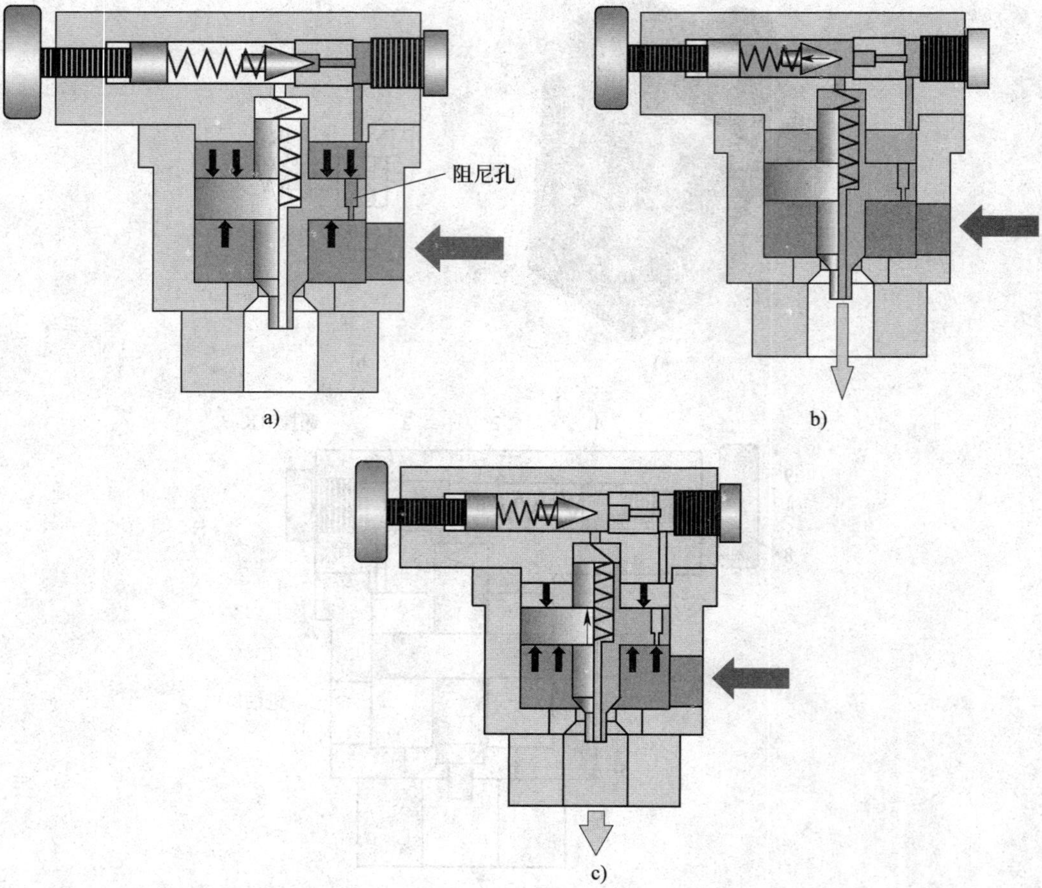

a)

b)

c)

图 3—2—5　先导式溢流阀的工作原理

a）先导锥阀、主阀芯闭合状态　b）先导锥阀开启　c）主阀芯上移

2）限压保护。在液压系统中用变量泵进行调速时，变量泵的压力随外负荷（指液压系统执行部分所承受的外力）变化，这时需防止过载，即设置安全阀（溢流阀用做安全阀）。在正常工作时此阀处于常闭状态，过载时打开阀口溢流，使压力不再升高。

3）卸荷。先导式溢流阀与电磁阀组成电磁溢流阀，控制系统卸荷。

4）远程调压。将先导式溢流阀的遥控口接一远程调压阀，便能实现远程调压。

5）作背压阀使用。在执行元件回油路上接上溢流阀，造成回油阻力，形成背压，执行元件在运动时由于有背压的存在，运行更平稳。背压大小可根据需要调节溢流阀的调定压力来获得。

2. 减压阀

（1）种类

按调节性能的不同，减压阀可分为定压（定值）减压阀、定差减压阀和定比减压阀。定压减压阀的作用是在不同工况下保持其出口压力基本不变。定差减压阀的作用是使其进口压力和出口压力之差保持基本不变。定比减压阀的作用是使主油路压力与减压支路压力成固定比例。三类减压阀中，定压减压阀应用最广，一般情况下，如不特别指明，即为定压减压阀。

（2）定压减压阀工作原理

如图3—2—6所示为先导式定压减压阀的实物图、图形符号和工作原理图。如图3—2—6c所示，当阀不需减压时（即阀不工作时），主阀芯在弹簧作用下处于最下端位置，阀的进、出油口一直相通，即阀是常开状态；如果出口压力增大，先导阀阀芯开启，部分油液从泄油口流回油箱，主阀芯上方压力变小。当主阀芯下端油液的作用力大于弹簧力时，主阀芯上移，阀口（即减压口）关小。这时主阀处于工作状态。如果忽略其他阻力，仅考虑作用在阀芯上的液压力和弹簧力相平衡的条件，则可以认为出口压力基本上维持在某个调定值上。

如果出口压力减小，则主阀芯下移，开大阀口，阀口处阻力减小，压降减小，使出口压力回升到调定值；反之，如果出口压力增大，则主阀芯上移，关小阀口，阀口处阻力加大，压降增大，使出口压力下降到调定值。

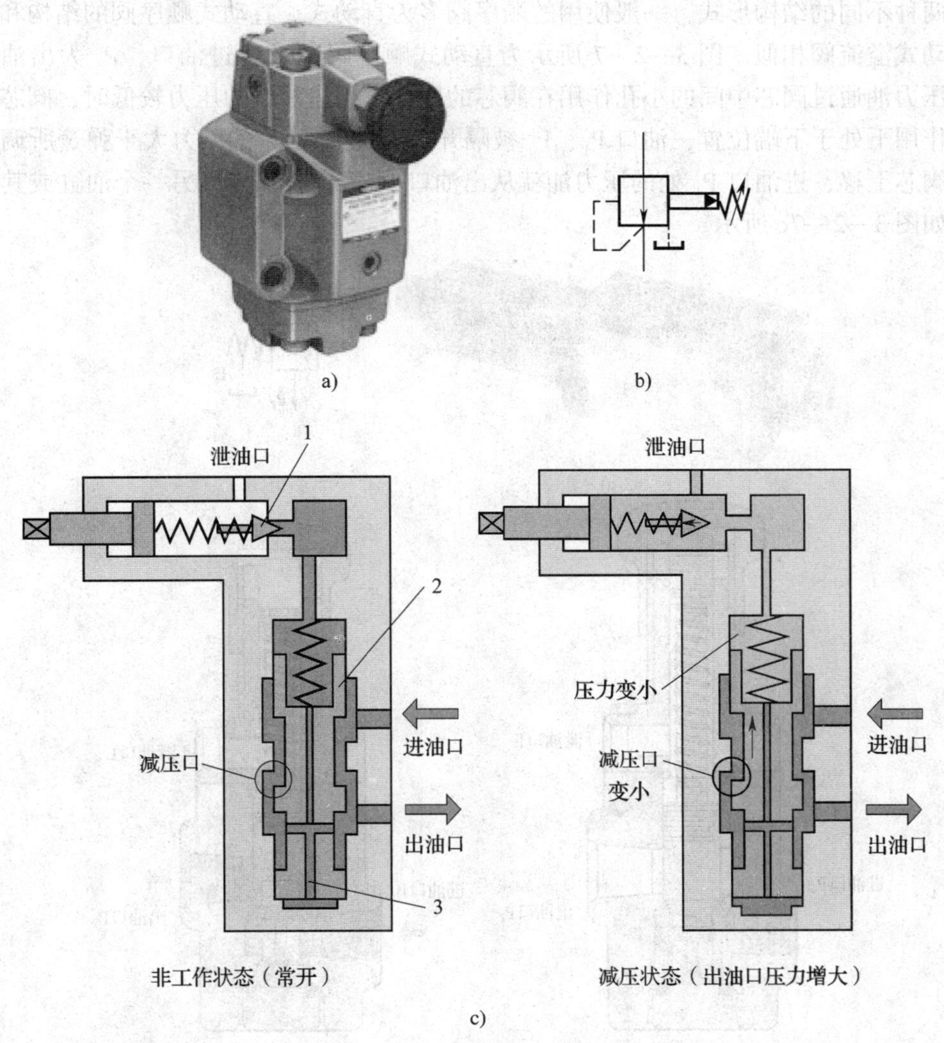

图3—2—6　先导式定压减压阀

a）实物图　b）图形符号　c）工作原理图

1—先导阀阀芯　2—主阀芯　3—阻尼孔

与先导式溢流阀相比，先导式减压阀的不同之处在于：减压阀在非工作状态时，先导阀阀口关闭，而主阀口处于最大开度（指阀口的大小程度）状态；用出油口的压力油控制主阀口的开度的大小，保持出口压力基本恒定；经先导阀的泄油量必须由单独的泄油口流回油箱，而先导式溢流阀的泄油量直接从回油口流回油箱。

3. 顺序阀

顺序阀是压力控制阀的一种。顺序阀将回路中压力油的压力作为控制信号，自动接通或切断某一油路，控制执行元件做顺序动作。根据控制油路的不同，可分为直控顺序阀（简称顺序阀）和液控顺序阀（远控顺序阀）。

（1）直控顺序阀

顺序阀与溢流阀相似，也是当进口油液的压力达到一定值时开启阀口。它也有直动式和先导式两种不同的结构形式，一般使用的顺序阀多为直动式。直动式顺序阀的结构和工作原理与直动式溢流阀相似。图 3—2—7 所示为直动式顺序阀。P_1 为进油口，P_2 为出油口。进油口的压力油通过阀芯中间的小孔作用在阀芯的底部。当进油口的压力较低时，阀芯在上部弹簧力作用下处于下端位置，油口 P_1、P_2 被隔开。当进油口 P_1 的压力大于弹簧所调整的压力时，阀芯上移，进油口 P_1 处的压力油就从出油口 P_2 流出，以操纵另一个油缸或其他元件动作，如图 3—2—7c 所示。

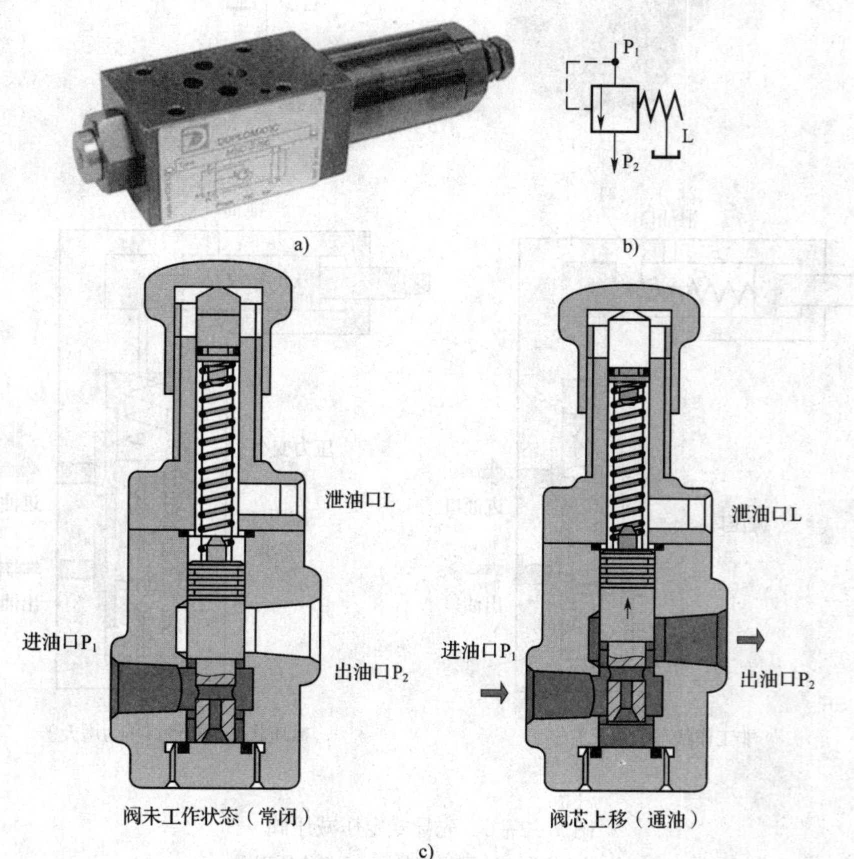

图 3—2—7　直动式顺序阀

a）实物图　b）图形符号　c）工作原理图

（2）液控顺序阀

图 3—2—8 所示为液控顺序阀，它与直控顺序阀的主要区别在于液控顺序阀阀芯的左侧有一个控制油口 K。当与油口 K 相通的外来控制油压超出阀芯右侧弹簧的调定压力时，阀芯右移，油口 P 和 T 相通，液控顺序阀的泄油口 L 接回油箱。如将液控顺序阀当卸荷阀使用时，可将出油口 T 接通回油箱。这时将阀盖转一个角度，使它上面的小泄漏孔（图中未标出）从内部与阀体上的出油口 T 接通，可以省掉一根回油管路。当液控顺序阀作为卸荷阀使用时的图形符号如图 3—2—8c 所示。

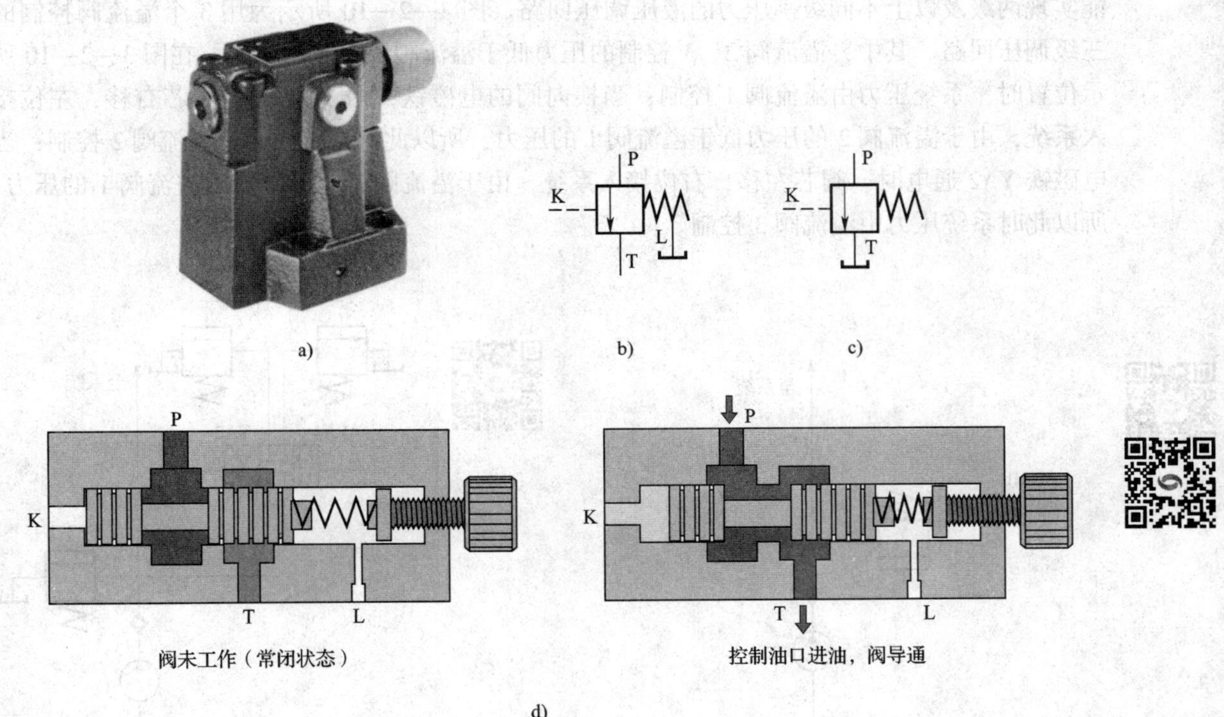

图 3—2—8　液控顺序阀

a）实物图　b）图形符号　c）作为卸荷阀时的图形符号　d）工作原理图

二、压力控制回路

1. 调压回路

液压设备工作时，系统的压力必须与负荷相适应。系统压力的调整是通过调压回路来实现的。调压回路能控制整个系统或局部的压力，使之保持恒定或限定其最高值。例如，定量泵供油压力可通过溢流阀来调节，可以使泵在恒定压力下工作；在变量泵供油系统中，用安全阀限定系统的最高压力，防止系统过载；当系统中需要两种以上不同压力时，可采用多级调压回路。

（1）单级调压回路

图 3—2—9 所示为单级调压回路。单级调压回路是系统只能获得一种调整压力的回路。系统由定量液压泵供油，采用节流阀以调节进入液压缸的流量，使活塞获得需要的运动速

度。因为定量泵输出的流量大于液压缸的流量，超过液压缸所需部分的油液则从溢流阀流回油箱。这时，液压泵的出口压力便稳定在溢流阀的调定压力上。调节溢流阀便可调节液压泵的供油压力，溢流阀的调定压力必须大于液压缸的最大工作压力和油路上各种压力损失的总和。在该回路中，液压泵的出口处接有一个单向阀。当电动机停止转动，液压泵不再向系统内供油时，单向阀可以防止油液倒流，同时避免空气侵入系统。

（2）多级调压回路

电磁换向阀和溢流阀有机地组合，可以组成多级调压回路。多级调压回路是指液压回路能实现两级及以上不同级别压力的液压调压回路。图 3—2—10 所示为用 3 个溢流阀控制的三级调压回路。其中，溢流阀 2、3 控制的压力低于溢流阀 1 控制的压力。在图 3—2—10 所示位置时，系统压力由溢流阀 1 控制；当换向阀的电磁铁 YA1 通电时，阀芯右移，左位接入系统，由于溢流阀 2 的压力低于溢流阀 1 的压力，所以此时系统压力由溢流阀 2 控制；当电磁铁 YA2 通电时，阀芯左移，右位接入系统，由于溢流阀 3 的压力低于溢流阀 1 的压力，所以此时系统压力由溢流阀 3 控制。

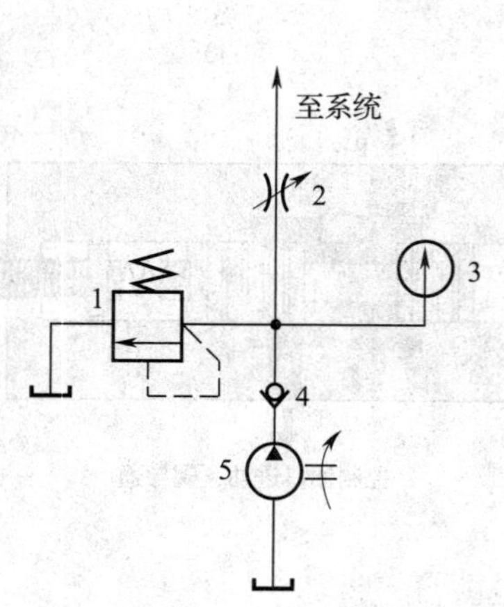

图 3—2—9　单级调压回路

1—溢流阀　2—节流阀　3—压力表　4—单向阀　5—液压泵

图 3—2—10　三级调压回路

1、2、3—溢流阀

（3）远程调压回路

图 3—2—11 所示为远程调压回路。将先导式溢流阀的遥控口与远程调压阀进油口连接，远程调压阀的作用与溢流阀的先导阀相同。这种回路中，由于溢流阀先导阀的调整压力应高于远程调压阀可能调节的最高压力，因此，系统的工作压力由远程调压阀来调整。

2．减压回路

当泵的输出压力是高压而局部回路或支路要求低压时，可以采用减压回路。如机床液压系统中的装夹回路（用于坯料、零件加工时的定位、夹紧）、分度以及液压元件的控制油路等，它们所需要的压力比主油路低很多。减压回路较为简单，一般是在所需低压的支路上串接减压阀，可以方便地获得稳定的局部低压。但是，由于压力油经过减压阀口时要发生压力损失，造成功率浪费，因此，减压回路工作效率不高。

最常见的减压回路如图 3—2—12 所示。回路中的溢流阀 2 用来稳定整个液压系统的工作压力，而减压阀 3 则用来调定液压系统支路的工作压力。

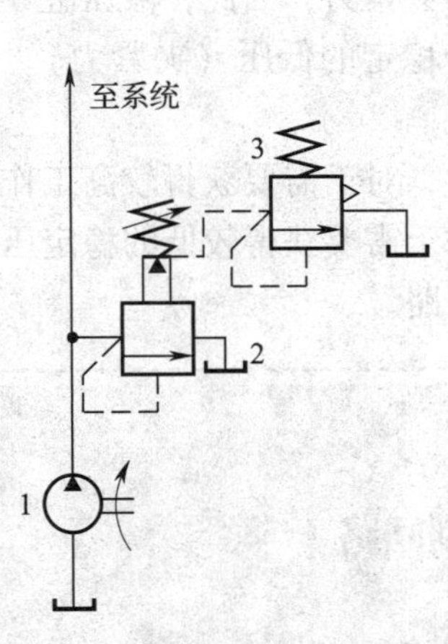

图 3—2—11　远程调压回路

1—液压泵　2—先导式溢流阀　3—远程调压阀

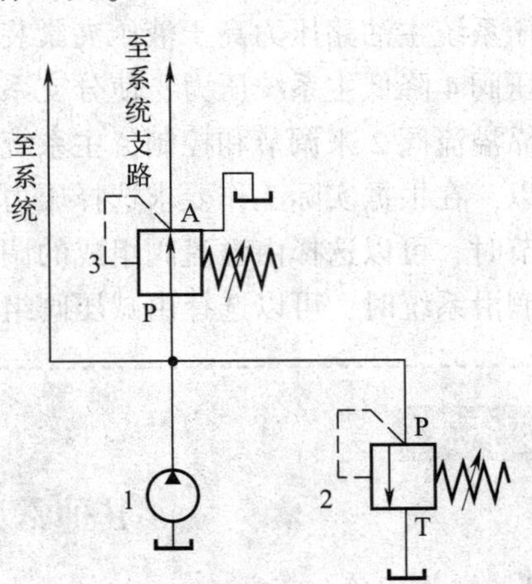

图 3—2—12　减压回路

1—液压泵　2—溢流阀　3—减压阀

为了使减压回路工作可靠，减压阀的最低调定压力不能小于 0.5 MPa，最高调定压力至少应比系统压力小 0.5 MPa。当减压回路中的执行元件需要实现其他功能（如调速、顺序）时，具有相应功能的控制元件应该连接在该支路的减压阀之后，以避免减压阀泄漏（指由减压阀泄油口流回油箱的油液）对执行元件的速度、动作等产生影响。

三、液压夹紧装置的压力控制回路分析

在本节液压夹紧装置中（图 3—2—13），主要就是依靠溢流阀和减压阀这两种压力控制阀来实现压力控制的。

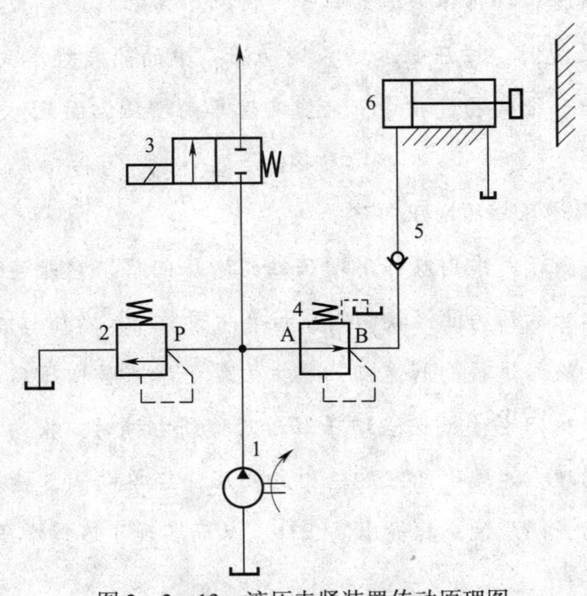

图 3—2—13　液压夹紧装置传动原理图

1—液压泵　2—溢流阀　3—换向阀　4—减压阀　5—单向阀　6—液压缸

图 3—2—13 是液压夹紧装置传动原理图。液压缸 6（又称夹紧缸）与夹紧装置相连用来夹紧工件。液压缸 6 所在的油路属于整个液压系统的一部分，称为分支油路。由于该数控机床液压系统主油路压力高于液压夹紧装置所需要的夹紧力，因此，液压缸 6 所在分支油路利用减压阀 4 降低主系统压力，使分支系统得到一个稳定的低压（夹紧力）。液压主系统的油液依靠溢流阀 2 来调节和控制，主系统压力较高。

所以，在根据实际工作要求选择压力控制回路时，对于需要获得较高工作压力和对压力进行调节时，可以选择由溢流阀组成的调压回路；对于需要获得较低的稳定压力时，如夹紧系统和润滑系统时，可以选择由减压阀组成的减压回路。

〔知识拓展〕

其他常见压力控制回路

1. 增压回路

如果系统或系统的分支油路需要压力较高、流量小的压力油，但是采用高压泵增压又不经济，就常采用增压回路。这样不仅可降低液压泵的成本，而且系统工作较可靠、噪声小。在增压回路中提高压力的主要元件是增压缸或增压器。

（1）采用单作用增压缸的增压回路

如图 3—2—14a 所示为采用单作用增压缸的增压回路。利用活塞两端受力平衡的原理，增压缸两腔活塞的面积比值与产生的压力成反比，即小活塞腔产生的压力大，大活塞腔产生的压力小。当系统在图示位置工作时，系统油液在供油压力 p_1 的作用下进入增压缸的大活塞腔，此时在小活塞腔即可得到所需的较高压力 p_2；当二位四通电磁换向阀右位接入系统时，增压缸返回，辅助油箱中的油液经单向阀补入小活塞腔，单作用增压缸在伸出和缩回的过程中，只能实现单向增压。因此，该回路被称为单作用增压回路。

（2）采用双作用增压缸的增压回路

如图 3—2—14b 所示是采用双作用增压缸的增压回路，它能连续输出高压油。在图示位置，液压泵输出的压力油经换向阀 5 和单向阀 1 进入增压缸左端大、小活塞腔，右端大活塞腔中的油液经过换向阀流回油箱，右端小活塞腔增压后的高压油经单向阀 4 输出，此时单向阀 2、3 被关闭。当增压缸活塞移到右端时，换向阀得电换向，增压缸活塞向左移动。同理，左端小活塞腔输出的高压油经单向阀 3 输出，这样，增压缸的活塞不断往复运动，两端便交替输出高压油，从而实现了连续增压。

2. 卸荷回路

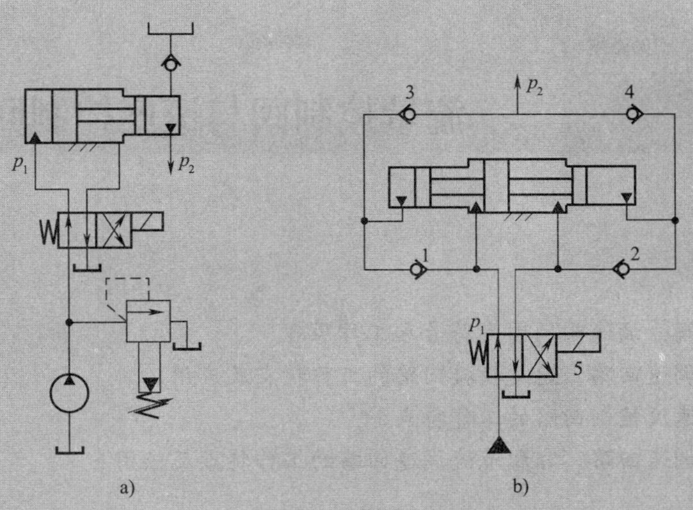

图 3—2—14 增压回路

a）单作用增压回路 b）双作用增压回路

1、2、3、4—单向阀 5—换向阀

卸荷回路是在液压泵驱动电动机不频繁启闭的情况下，使液压泵在功率输出接近于零的情况下运转，以减少功率损耗，降低系统发热，延长泵和电动机的使用寿命，同时减少油液的变质。因为液压泵的输出功率为其流量和压力的乘积，因而两者任一近似为零，功率损耗即近似为零。因此，液压泵的卸荷有流量卸荷和压力卸荷两种。流量卸荷主要是使用变量泵，让变量泵仅为补偿泄漏而以最小流量运转，此方法比较简单，但泵仍处在高压状态下运行，磨损比较严重。压力卸荷的方法是使泵在接近零压下运转，如图 3—2—15 所示。当换向阀左位或右位控制油路压力达到溢流阀调定压力值时，溢流阀打开溢流；当换向阀中位接入回路时，液压泵输出的压力油经单向阀和换向阀直接流回油箱，利用换向阀的 M 型中位机能实现液压泵卸荷。

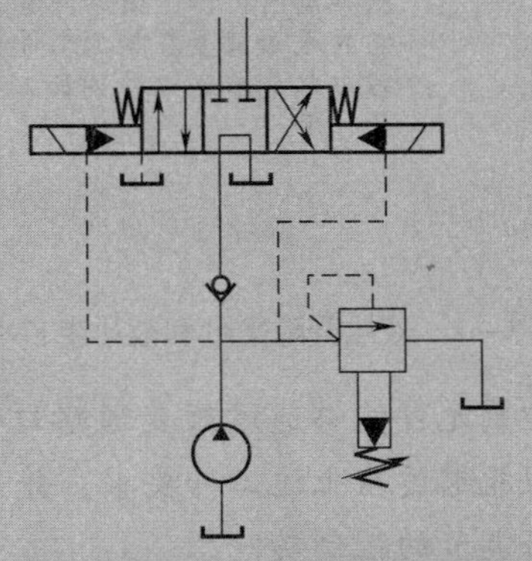

图 3—2—15 M 型中位机能卸荷回路

§3—3 流量控制阀与速度控制回路

学习目标

◎ 掌握节流阀、调速阀的图形符号和工作原理。
◎ 掌握节流调速回路、速度换接回路的工作特点及应用。
◎ 掌握典型速度控制回路的工作特点。
◎ 了解容积调速回路、容积节流调速回路的工作特点及应用。

液压升降平台（图 3—3—1a）在两个极限位置要进行运动缓冲，即在开始启动到运动至第一个极限位置时，需要将工作台的速度由零提升至工作进给速度，要平缓上升。当工作台运动到第二个极限位置，要进行缓冲，因此，需要将液压系统中的流量减小，以平缓降低工作台的运动速度至零。当工作台下降时，运动速度的调节也同样。

液压半自动车床（图 3—3—1b）的进给循环是快进→一工进→二工进→三工进→快退。这需要液压系统能够根据不同的运动要求，切换进给方向，并调节到合适的流量，特别要保证工进阶段的流量平稳。

液压升降平台上的物体可以随着升降平台平稳地上升和下降。

液压半自动车床可以完成产品的钻孔、扩孔、车内槽以及车削内孔和外圆等多道工序。它的进给装置在加工工件的过程中起到输送工件到加工位置的作用。

a)　　　b)

图 3—3—1　液压升降平台和液压半自动车床

这些都要求液压系统中的控制元件能够通过改变通路口大小、改变液阻实现流量调节。这些控制元件的结构和工作原理能够适应上述工作要求，并且适当地连接在液压回路中，实现上述设备的运动速度的切换与调节的控制功能。

一、流量控制阀

在液压系统中，控制工作液体流量的阀称为流量控制阀，简称流量阀。常用的流量控制阀有节流阀和调速阀。

1. 节流阀

（1）节流阀及工作原理

如图 3—3—2 所示，压力油从进油口 P_1 流入，经节流口从 P_2 流出。节流口的形式为轴向三角沟槽式。作用于节流阀芯上的力是平衡的，因而调节力矩较小，便于在高压下进行调节。当调节节流阀的手轮时，可通过顶杆推动节流阀芯向下移动。节流阀芯的上下移动改变节流口的开口量，从而实现对液体流量的调节。调节节流阀的开口面积，便改变了油液的流量，从而调节了执行元件的运动速度。节流阀芯依靠阀芯上安装的弹簧复位。节流阀适用于一般节流调速系统。

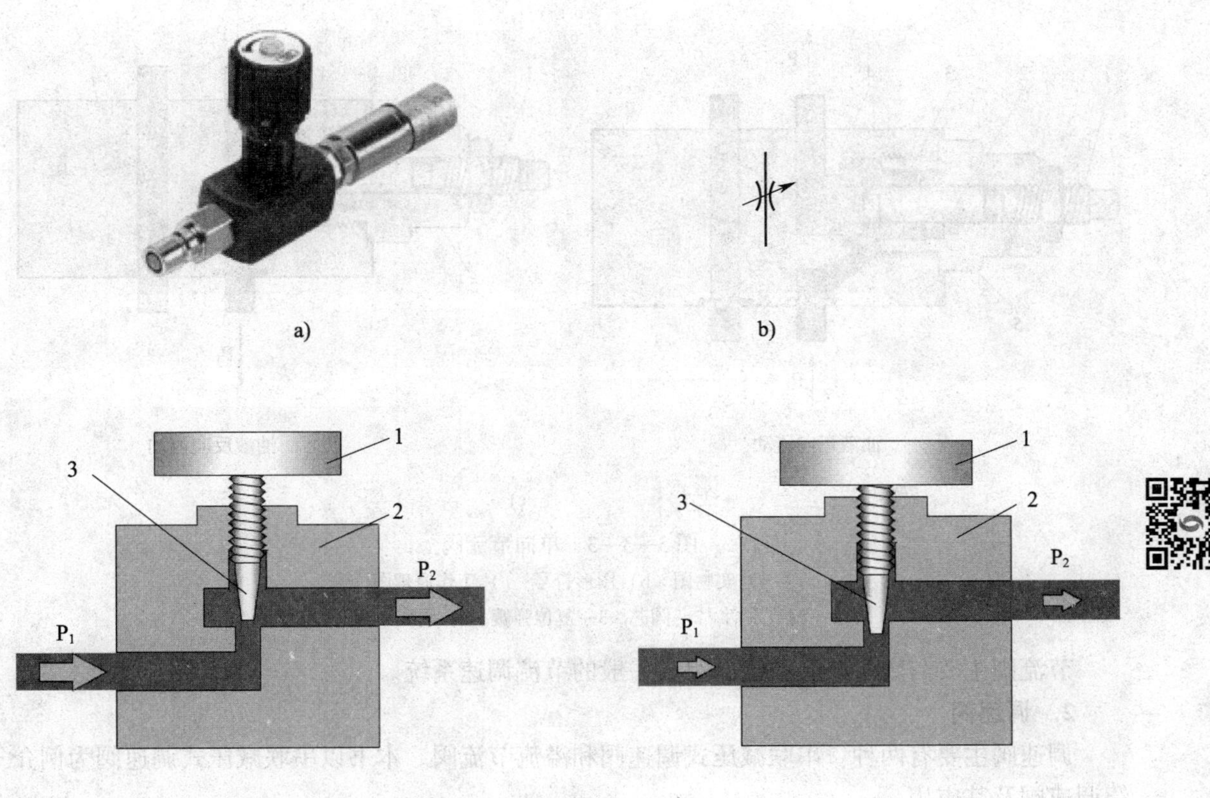

图 3—3—2　节流阀

a）实物图　b）图形符号　c）工作原理图

1—调节手轮　2—阀体　3—阀芯

（2）单向节流阀及工作原理

如图 3—3—3 所示，当油液正向流动时（即从 P_1 口进入），其节流过程与节流阀相同，节流缝隙的大小可通过手柄进行调节。当油液反向流动时（即从 P_2 口进入），油液的压力把阀芯 2 顶开左移，阀芯打开，可实现流体反向自由流动，实现单向阀作用。单向节流阀一般安装在执行元件与主控换向阀之间，可以起到分别调节进入和流出执行元件油液流量的作用。

a)

b)

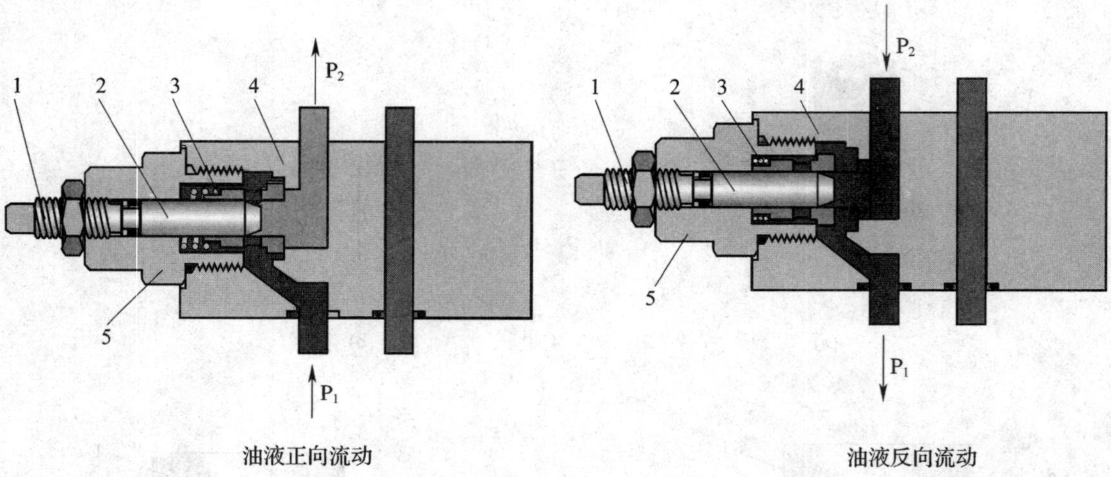

c)

图 3—3—3　单向节流阀

a）实物图　b）图形符号　c）工作原理图

1—调节手柄　2—阀芯　3—复位弹簧　4—阀体　5—顶盖

节流阀主要与定量泵、溢流阀组成一般的节流调速系统。

2. 调速阀

调速阀主要有两种：串联减压式调速阀和溢流节流阀。本书以串联减压式调速阀为例介绍调速阀及其应用。

（1）串联减压式调速阀的组成

串联减压式调速阀是由定差减压阀（进油口与出油口之间的油液压力差为定值）和节流阀串联而成的组合阀。用减压阀来保证可调节流阀进、出油口的压力差不受负荷变化的影响，通过调节保持压力差的恒定，从而保证了通过节流阀的流量的稳定。其实物图、图形符号、工作原理图如图 3—3—4 所示。

（2）串联减压式调速阀的工作原理

a) 　　b)

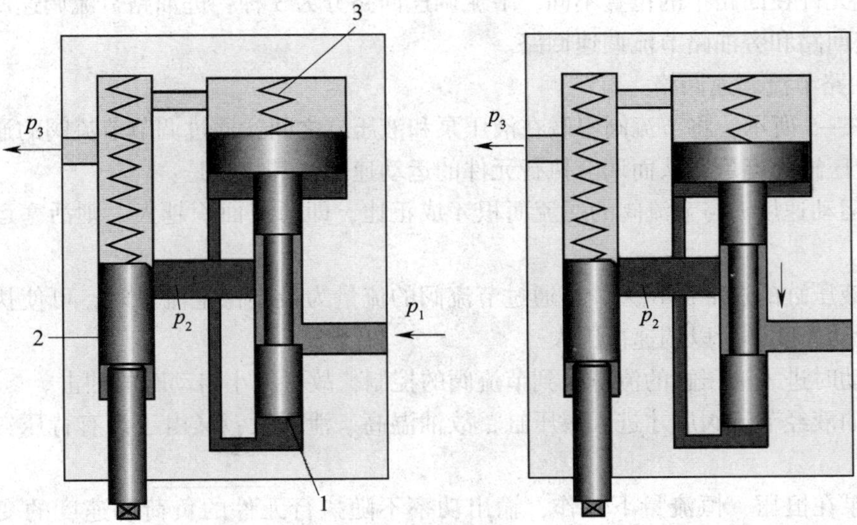

p3　p3　3　p2　p2　p1　p1　2　1

未工作状态　　出油口压力增大时

c)

图 3—3—4　调速阀

a）实物图　b）图形符号　c）工作原理图

1—定差减压阀阀芯　2—节流阀阀芯　3—弹簧

如图 3—3—4 所示，设减压阀的进口压力为 p_1，负荷串接在调速阀的出口，出口压力为 p_3。节流阀前、后的压力差（p_2-p_3）代表着负荷流量的大小，p_2 和 p_3 作为流量反馈信号分别引到减压阀阀芯两端的测压活塞上，并与减压阀阀芯一端的弹簧力相平衡，减压阀阀芯平衡在某个位置。

当负荷压力 p_3 增大引起负荷流量和节流阀的压差（p_2-p_3）变小时，作用在减压阀阀芯下（或右）端的压力差也随之减小，阀芯下（或右）移，减压口加大，压降减小，使 p_2 也增大，从而使节流阀的压差（p_2-p_3）保持不变；反之亦然，这样就使调速阀的流量恒定不变（不受负荷影响）。

（3）调速阀的应用

调速阀和节流阀在液压系统中的应用基本相同，主要用于控制和调节执行元件的运行速度的调速系统。它适用于执行元件负荷变化大且运动速度要求稳定的系统，也可用于容积节流调速回路。

二、速度控制回路

用来控制和调节执行元件运动速度的回路称为速度控制回路。根据被控制执行元件的运动状态、方式以及调节方法，速度控制回路分为调节液压执行元件速度的节流调速回路、实现快慢速切换的速度换接回路等。

在速度控制回路中，执行元件的运动速度取决于油液的流量，因此，要调节执行元件的运行速度就是要对液体的流量进行调节。

1. 节流调速回路

根据节流元件在回路中的位置不同，节流调速回路分为 3 种：进油路节流调速回路、回油路节流调速回路和旁油路节流调速回路。

（1）进油路节流调速回路

如图 3—3—5 所示，将节流阀串联在液压泵和液压缸之间，通过调节节流阀的通流面积可改变进入液压缸的流量，从而调节执行元件的运动速度。其特点是：

1）活塞运动速度 v 与节流阀的通流面积 A 成正比，即通流面积越大，则活塞运动速度越快。

2）因为液压缸的进油面积大，当通过节流阀的流量为最小稳定流量时，可使执行元件获得较慢的运动速度，所以调速范围大。

3）因启动时进入液压缸的流量受到节流阀的控制，故可减小启动时的冲击。

4）由于油液经节流阀后才进入液压缸，故油温高、泄漏大；又由于没有背压，所以运动平稳性差。

5）液压泵在恒压、恒流量下工作，输出功率不随执行元件的负荷和速度的变化而变化，多余的油液经溢流阀流回油箱，造成功率浪费，故系统效率低。

6）在进油路节流调速回路中，工作部件的运动速度随外负荷的增减而忽慢忽快，难以得到准确的速度。

这种调速回路适用于轻负荷或负荷变化不大及速度不快的场合。

（2）回油路节流调速回路

如图 3—3—6 所示，将节流阀串联在液压缸和油箱之间，以限制液压缸的回油量，从而达到调速的目的。其特点是：

1）油液经节流阀流回油箱，可减少系统发热和泄漏，而节流阀又起背压作用，故执行元件运动平稳性较好。同时，回油路节流调速回路还具有承受负值负荷的能力。

2）与进油路节流调速回路一样，需要由溢流阀将多余油液溢走，造成功率损失，故回路工作效率低。

3）执行部件停止后重新启动时，冲击较大。

回油路节流调速回路多用在功率不大，但载荷变化较大，运动平稳性要求较高的液压系统中，如磨削和精镗的组合机床。

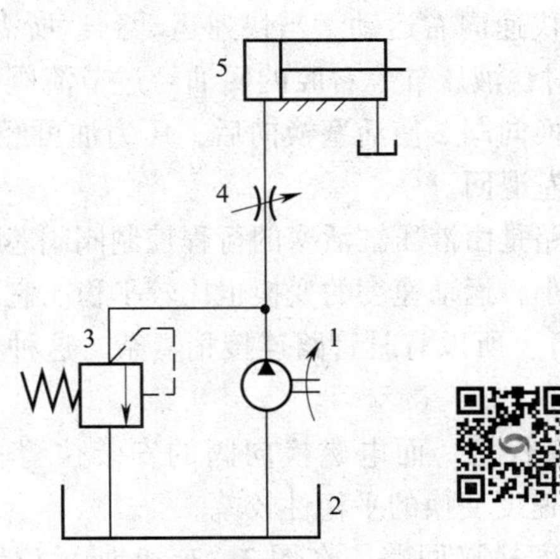

图 3—3—5　进油路节流调速回路

1—液压泵　2—油箱　3—溢流阀　4—节流阀　5—液压缸

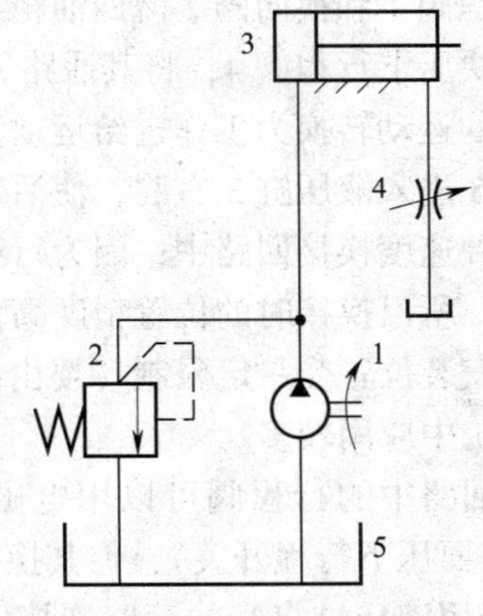

图 3—3—6　回油路节流调速回路

1—液压泵　2—溢流阀　3—液压缸　4—节流阀　5—油箱

（3）旁油路节流调速回路

如图 3—3—7 所示，将节流阀并联在液压泵和液压缸的分支油路上，液压泵输出的流量一部分经节流阀流回油箱，一部分进入液压缸。在定量泵供油量一定的情况下，通过节流阀的油液流量大时，进入液压缸的油液流量就小，因此，使执行元件的运动速度变慢；反之，执行元件的运动速度变快。该回路通过调节节流阀改变流回油箱的油量，来控制进入液压缸的流量，从而改变执行元件的运动速度。其特点是：

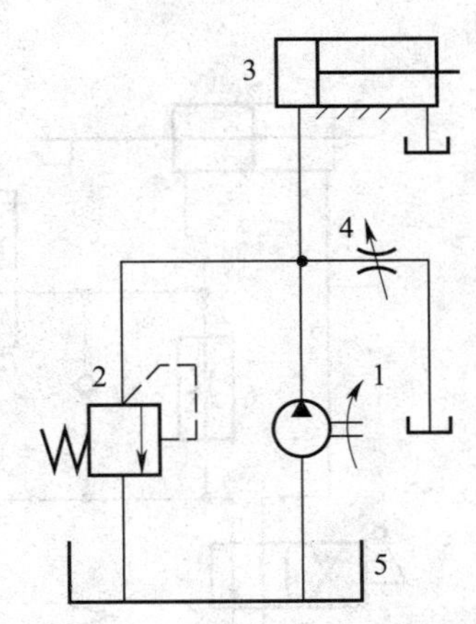

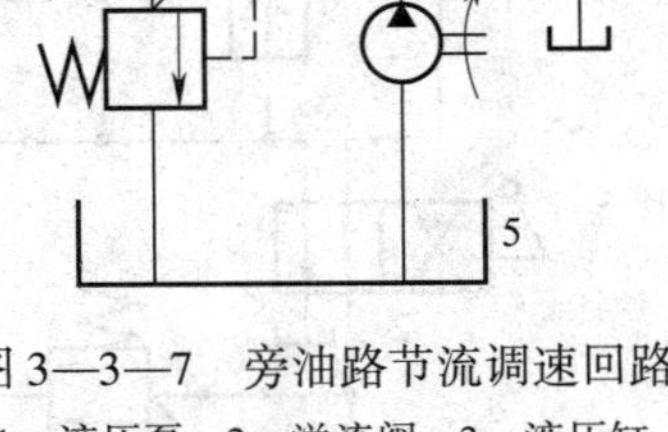

图 3—3—7　旁油路节流调速回路

1—液压泵　2—溢流阀　3—液压缸　4—节流阀　5—油箱

1）液压泵的压力随负荷而变，溢流阀无溢流损耗，所以功率利用比较经济，效率比较高。

2）一方面，由于没有背压，使执行元件的运动速度不稳定；另一方面，由于液压泵压力随负荷而变化，造成液压泵的泄漏也随之变化，使得液压泵实际输出量发生变化，这就增大了执行元件运动的不平稳性。

3）随着节流阀开口增大，系统能够承受的最大负荷将减小，即低速时承载能力小。与进油路节流调速回路和回油路节流调速回路相比，它的调速范围小。

旁油路节流调速回路适用于负荷变化小、对运动平稳性要求不高的高速、大功率的场合，如牛头刨床的主传动系统，有时也可用在随着负荷增大而进给速度自动减小的场合。

2．速度换接回路

速度换接回路用来实现运动速度的变换，即通过回路中的控制使得执行元件的速度在预先设计或调节好的几种运动速度间进行变换。这种回路要求速度换接应平稳，即不允许在速度变换的过程中有前冲（速度突然增加）现象。下面介绍常见的速度换接回路及特点。

（1）快速运动和工作进给运动的换接回路（快速、慢速换接回路）

1）利用单向行程节流阀的速度换接回路。在图 3—3—8 所示位置，液压缸 3 右腔的回油可经行程阀 4 和换向阀 2 流回油箱，使活塞快速向右运动。当快速运动到达所需位置时，活塞上挡块压下行程阀 4，将其通路关闭。这时，液压缸 3 右腔的回油经过节流阀 6 流回油箱，活塞的运动转换为工作进给运动。当操纵换向阀 2 使活塞换向后，压力油可经换向阀 2 和单向阀 5 进入液压缸 3 右腔，使活塞快速向左退回。

在这种速度换接回路中，因为行程阀的油路是由液压缸活塞的行程控制阀阀芯移动而逐渐关闭的，所以换接时的位置精度高，前冲量小，运动速度的变换也比较平稳。它的缺点是行程阀的安装位置受一定限制（要由挡铁压下），所以有时管路连接稍复杂。这种回路在机床液压系统中应用较多。

这种回路中的行程阀可以用电磁换向阀来代替。而电磁换向阀的安装位置不受限制（挡铁只需要压下行程开关），但其换接精度及速度变换的平稳性较差。

2）利用液压缸自身的管路连接实现的速度换接回路。在图 3—3—9 所示位置，活塞快速向右移动，液压缸右腔的回油经油路 1 和换向阀 5 流回油箱。当活塞运动到将油路 1 封闭后，液压缸右腔的回油须经节流阀 3 流回油箱，活塞则由快速运动变换为工作进给运动。

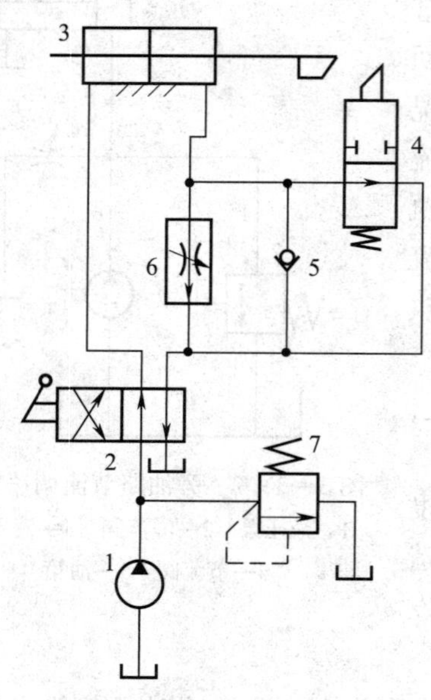

图 3—3—8　利用单向行程节流阀的速度换接回路
1—液压泵　2—换向阀　3—液压缸　4—行程阀
5—单向阀　6—节流阀　7—溢流阀

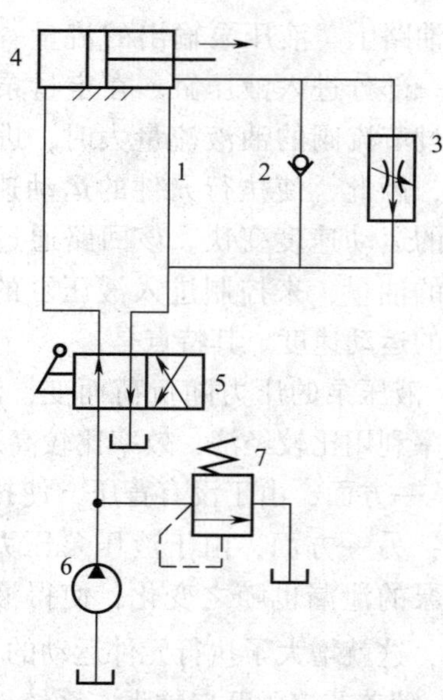

图 3—3—9　利用液压缸自身结构的速度换接回路
1—油路　2—单向阀　3—节流阀　4—液压缸
5—换向阀　6—液压泵　7—溢流阀

这种速度换接回路的换接方法简单，速度换接较可靠。但是，换接位置不能调整，工作行程也不能过长，以免活塞过宽。所以，这种速度换接回路只适用于工作情况固定的场合，如大型液压设备的进给回路。它也常用作活塞运动到达端部时的缓冲制动回路。

（2）两种工作进给速度的换接回路（二次进给回路）

对于某些自动机床、注塑机等，需要在自动工作循环中变换两种以上的工作进给速度，这时需要采用两种（或多种）工作进给速度的换接回路。

1）两个调速阀并联的速度换接回路。在图 3—3—10a 中，液压泵输出的压力油经调速阀 3 和电磁阀 5 进入液压缸。当需要第二种工作进给速度时，电磁阀 5 通电，阀芯左移，其右位接入回路，液压泵输出的压力油经调速阀 4 和电磁阀 5 进入液压缸。这两个调速阀的节流口可以独立调节，互不影响，即第一种工作进给速度和第二种工作进给速度相互间没有什么限制。但是，当一个调速阀工作时，另一个调速阀中没有油液通过，它的减压阀则处于完全打开的位置，在速度换接开始的瞬间不能起减压作用，容易出现部件突然前冲的现象。

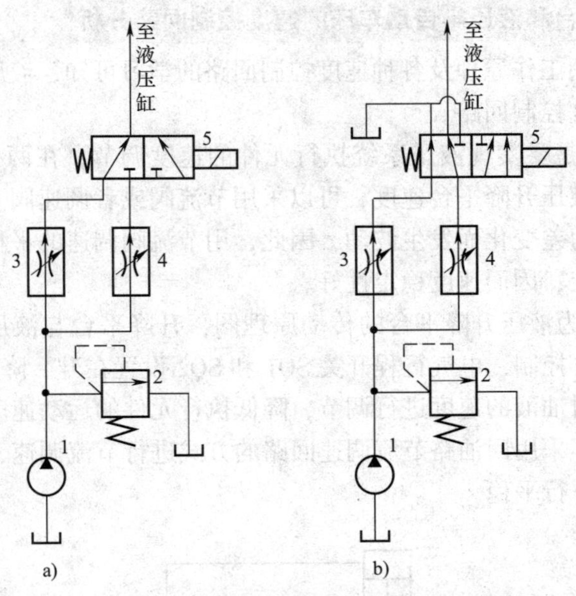

图 3—3—10　两个调速阀并联的速度换接回路

a）并联方式一　b）并联方式二

1—液压泵　2—溢流阀　3、4—调速阀　5—电磁阀

图 3—3—10b 所示为另一种调速阀并联的速度换接回路。在这个回路中，两个调速阀始终处于工作状态，即一个调速阀 4 通过换向阀与液压缸相连，另一个调速阀 3 通过换向阀与油箱连接。因此，当执行元件由一种工作进给速度转换为另一种工作进给速度时，不会出现突然前冲的现象，因而工作可靠。但是，液压系统在工作中总有一定量的油液通过不起调速作用的调速阀流回油箱，造成能量损失，使系统发热。

2）两个调速阀串联的速度换接回路。如图 3—3—11 所示，液压泵输出的压力油经调速阀 3 和电磁阀 5 进入液压缸，这时的流量由调速阀 3 控制。当需要第二种工作进给速度时，电磁阀 5 通电，阀芯左移，其右位接入回路，则液压泵输出的压力油先经调速阀 3，再经调速阀 4 进

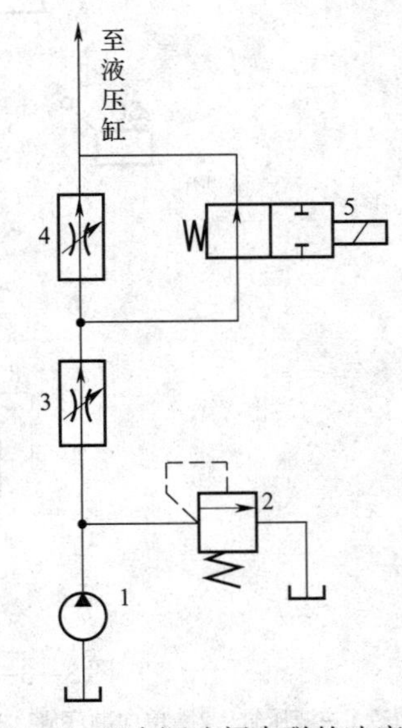

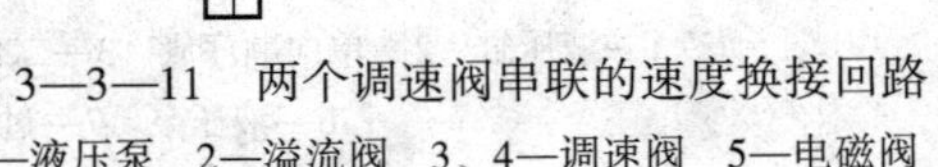

图 3—3—11　两个调速阀串联的速度换接回路

1—液压泵　2—溢流阀　3、4—调速阀　5—电磁阀

入液压缸，这时的流量应由流量较小的调速阀控制。所以，该回路中调速阀 4 的节流口应调得比调速阀 3 小，否则调速阀 4 的速度换接回路将不起作用。由于调速阀 3 一直处于工作状态，限制着进入液压缸或调速阀 4 的流量，因此，在速度换接时液压缸不会产生前冲现象，速度换接的平稳性较好。缺点是在两个串联调速阀同时工作时，油液需经过两个调速阀，所以，回路的能量损失较大，系统发热较大。不过，这种回路的能量损失小于图 3—3—10b 所示的回路。

三、液压升降平台和液压半自动车床的速度控制回路分析

通过对流量控制阀工作原理及各种速度控制回路的学习可知，液压升降平台、液压半自动车床都应该采用速度控制回路。

1. 液压升降平台是要实现液压系统执行元件的速度调节，在两极限位置处速度缓冲。流量控制阀可以调节液压升降平台速度，可以采用节流阀或者调速阀。由于节流阀的阀口流量根据阀口的前后压力差变化而发生波动，因此，用节流阀调速的平稳性差；调速阀由于其自身可保持其流量恒定，因而速度稳定性好。

图 3—3—12 所示为液压升降平台的传动原理图，升降平台与液压缸 1 相连，液压缸 1 的升降运动由换向阀 3 控制，电气行程开关 SQ1 和 SQ2 设置在升、降终点，用于接通油路，使节流阀接入回路，对油液的速度进行调节，降低执行元件的运动速度，起到缓冲作用。在这个液压系统回路中，采用回油路节流调速回路的方式进行节流调速，在液压缸回油路中产生背压，使执行元件下行平稳。

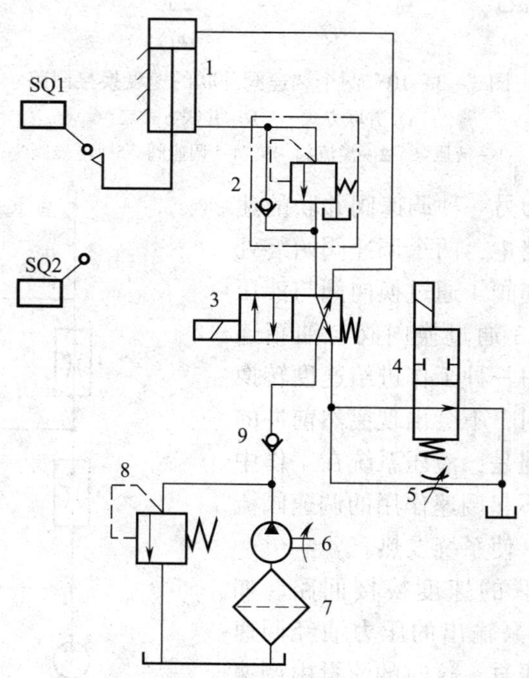

图 3—3—12　液压升降平台的传动原理图

1—液压缸　2—单向顺序阀　3—二位四通换向阀　4—二位二通换向阀　5—可调节流阀
6—液压泵　7—过滤器　8—溢流阀　9—普通单向阀

2. 液压半自动车床除了要完成快进（退）与工进的速度变换外，还需要进行三次不同进给速度的变换。因此，液压半自动车床应采用由调速阀控制的速度换接回路。图 3—3—13 所示为液压半自动车床传动原理图。车床进给装置与液压缸 9 相连，液压缸 9 的往复运动由换向阀 10 控制，进给装置三次进给运动的速度分别由三个并联的调速阀 4、5、6 来进行控制，从而使进给装置获得三种不同的进给速度。这个液压系统回路中，采取调速阀旁油路节流调速回路的方式，调节了进入液压缸的流量，从而达到调速的目的。

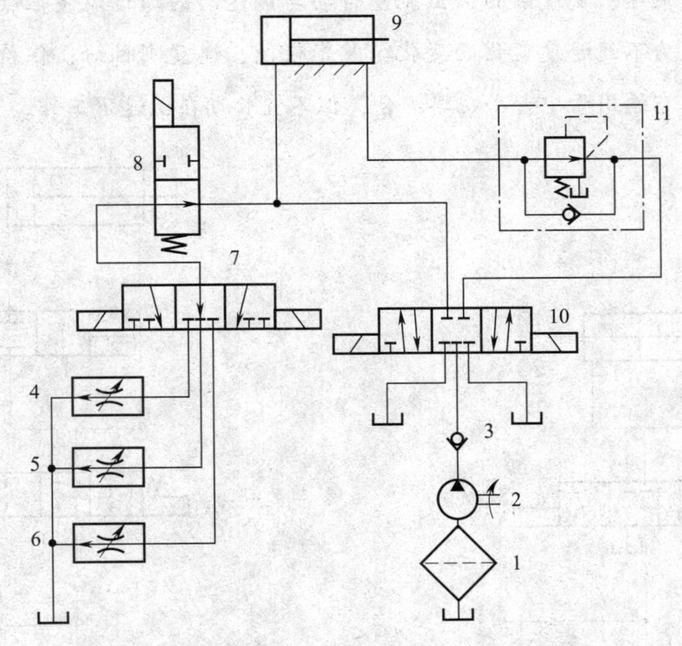

图 3—3—13　液压半自动车床传动原理图

1—过滤器　2—液压泵　3—单向阀　4、5、6—调速阀　7—三位四通换向阀
8—二位二通换向阀　9—液压缸　10—三位五通换向阀　11—单向减压阀

〔知识拓展〕

其他常见调速回路

一、容积调速回路

容积调速回路是靠改变变量泵或变量液压马达的排量来调节速度的回路。

图 3—3—14 所示为变量泵和液压缸组成的容积调速回路。液压泵输出的压力油全部进入液压缸，推动活塞运动，改变变量泵 1 的排量就能调节液压缸活塞的运动速度。系统中的溢流阀 2 起安全保护作用，在系统过载时才打开溢流阀，从而限定了系统的最高压力。容积调速回路效率高（压力与流量的损耗少），发热量少，但变量泵结构复杂、价格较高。容积调速回路适用于功率较大的液压系统。

二、容积节流调速回路

容积节流调速回路是采用变量泵供油，采用节流阀或调速阀改变流入或流出液压缸的流量，实现工作速度的调节，并使泵的供油量与液压缸所需的流量相适应的回路。

图 3—3—15 所示为采用变量泵和调速阀的容积节流调速回路。通过串接在进油路上的调速阀进行调速，变量泵的输出流量自动与调速阀的通过流量匹配。该回路调速范围大，承载能力不随速度变化而变化，效率较高，速度刚性好，但价格较高，不能承受负值负荷。它适用于中、小功率场合，但不宜长期在低速下工作。

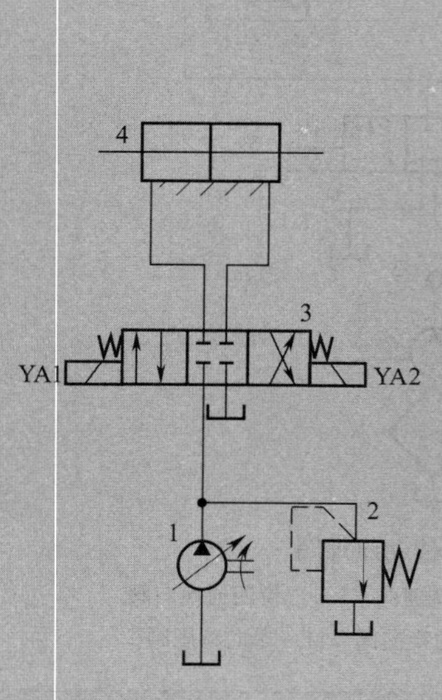

图 3—3—14　变量泵和液压缸组成的容积调速回路
1—变量泵　2—溢流阀　3—换向阀　4—液压缸

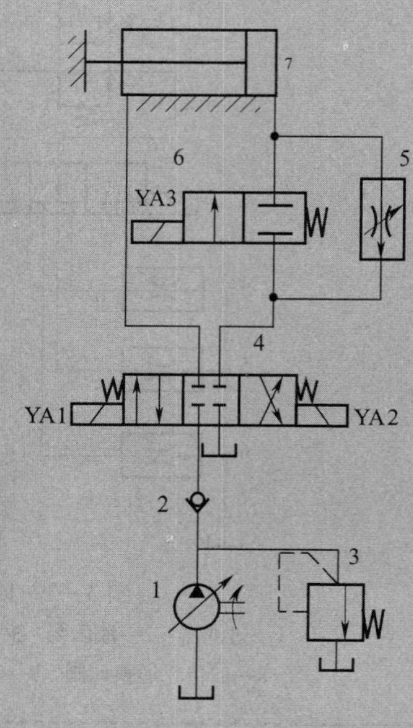

图 3—3—15　采用变量泵和调速阀的容积节流调速回路
1—变量泵　2—单向阀　3—溢流阀
4、6—换向阀　5—调速阀　7—液压缸

第四章　液压传动系统分析与维护

§4—1　液压传动系统分析

学习目标

◎掌握识读并分析较复杂液压回路图的基本步骤。

◎掌握复杂液压系统的基本回路的分析方法。

◎掌握复杂液压系统的工作过程分析。

◎了解液压传动设备的安全操作规程。

YT4543 型液压动力滑台（图 4—1—1）由液压缸驱动，在电气和机械装置的配合下实现工作循环：快进→一工进→二工进→止挡块停留→快退→原位停止。液压动力滑台的液压

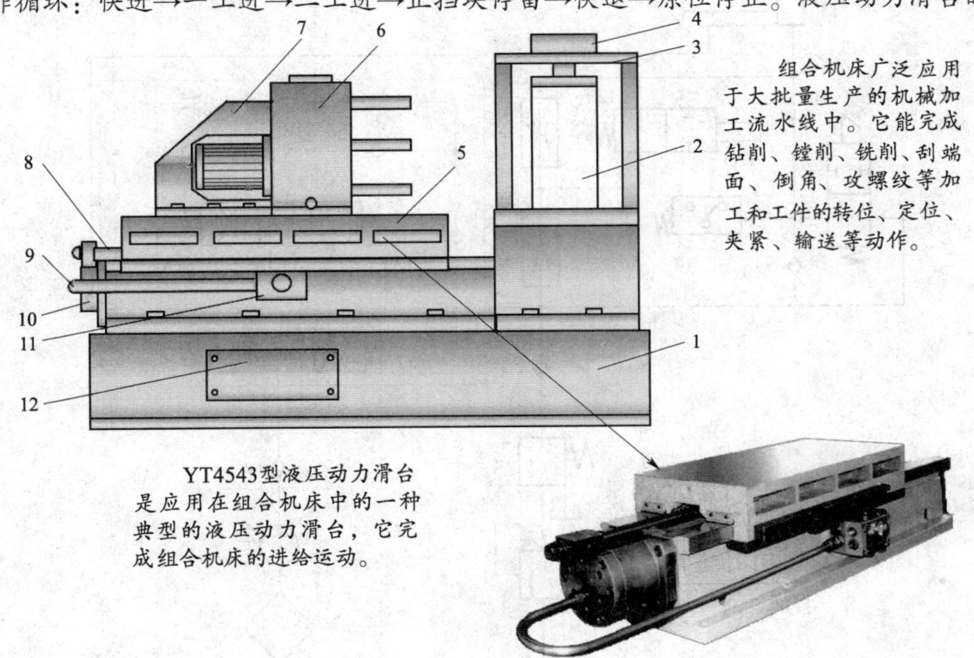

图 4—1—1　组合机床及液压动力滑台

1—床身　2—被加工工件　3—夹具　4、10—液压缸　5—液压动力滑台　6—主轴箱　7—动力箱　8—回油管　9—进油管　11—调速阀　12—电气箱

传动系统是怎样实现这些运动的呢？它的液压系统回路要解决的核心问题是如何控制液压缸的动作。因此，要分析动力滑台的运动，应首先按照一定的步骤识读液压系统回路图，其次将复杂的液压系统回路分解为若干液压基本回路，最后根据液压缸工作时的动作要求，分析回路中各种控制元件对液压缸的动作所起的作用，了解回路的工作过程。

一、识读并分析较复杂液压回路图的基本步骤

1. 了解液压设备对液压系统的动作要求。

2. 逐步浏览整个液压系统，了解液压系统（回路）由哪些元件组成，再以各个执行元件为中心，将系统分成若干个子系统。

3. 对每一执行元件及其有关联的阀件等组成的子系统进行分析，并了解子系统包含哪些基本回路。然后再根据执行元件的动作要求，参照电磁线圈的动作顺序表读懂子系统。

4. 根据液压设备中各执行元件间互锁、同步、防干扰等要求，分析各子系统之间的关系，并进一步读懂系统中是如何实现这些要求的。

5. 全面读懂整个系统后，最后归纳总结整个系统有哪些特点。

二、YT4543 型液压动力滑台液压系统的基本回路组成及特点

图 4—1—2 所示为 YT4543 型液压动力滑台液压系统原理图。分析动力滑台的基本回路及特点如下：

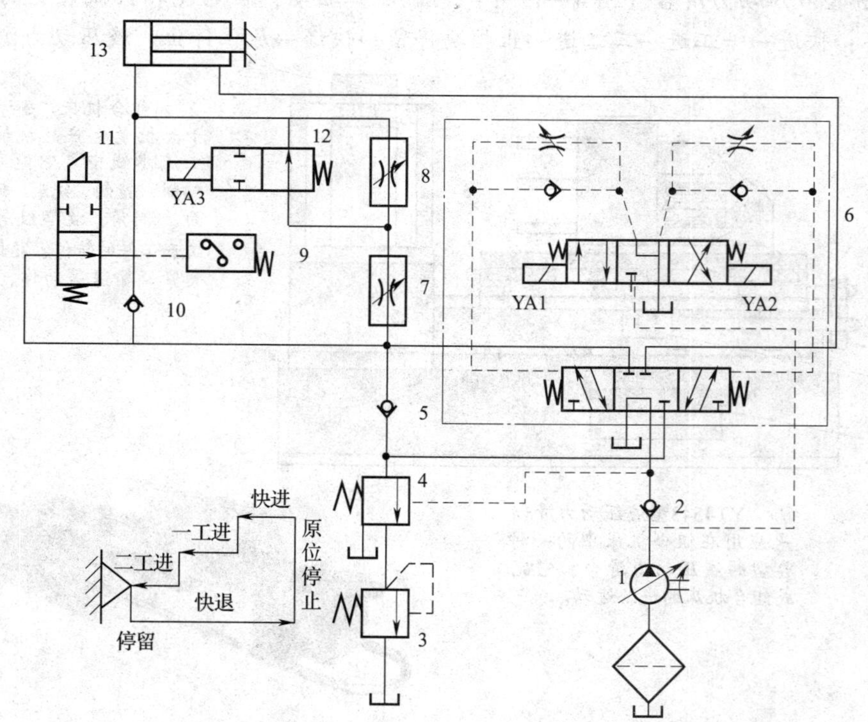

图 4—1—2　YT4543 型液压动力滑台液压系统原理图

1—限压式变量叶片泵　2、5、10—单向阀　3—背压阀　4—液控顺序阀　6—电液动换向阀　7、8—调速阀　9—压力继电器　11—行程阀　12—电磁换向阀　13—液压缸

1. 调速回路

采用限压式变量叶片泵 1 和调速阀 7、8 组成调速回路，调速阀放在进油路上，回油经过背压阀。

2. 快速运动回路

应用限压式变量叶片泵在低压时输出流量大的特点，并采用差动连接来实现快速运动。

3. 换向回路

采用电液动换向阀 6 实现换向，工作平稳、可靠，并由压力继电器①与时间继电器②发出的电信号控制换向信号。

4. 快速运动与工作进给的速度换接回路

采用行程阀 11 实现速度的快—慢速的换接，换接的性能较好。同时，利用系统中的压力升高使液控顺序阀 4 接通，系统由快速运动的差动连接转换为慢速运动连接，液压缸回油排回油箱。

5. 两种工作进给速度的换接回路

采用了调速阀 7 和调速阀 8 两个串联的回路。由于在速度换接时至少有 1 个调速阀处于工作状态，因而速度换接平稳性较好，使液压缸进给速度稳定。

三、YT4543 型液压动力滑台液压系统的分析

表 4—1—1 是回路中执行元件的动作与电磁换向阀电磁铁得失电之间的关系及各控制元件的工作情况。表 4—1—1 中动作是指执行元件液压缸 13 的动作。

表 4—1—1　　YT4543 型液压动力滑台电磁铁和行程阀动作顺序表

元件 动作	YA1	YA2	YA3	压力继电器 9	行程阀 11
快进	+				导通
一工进	+				切断
二工进	+		+		切断
止挡块停留	+→－	－→+	+→－	+	切断
快退		+			切断→导通
原位停止					导通

注：表中“+”表示电磁换向阀电磁铁通电，“－”表示电磁换向阀电磁铁断电。

由图 4—1—2 和表 4—1—1 可知，该系统可实现“快进→一工进→二工进→止挡块停留→快退→原位停止”的工作循环，其工作情况分析如下：

1. 快进

按下启动按钮，电磁铁 YA1 得电，电液动换向阀 6 的先导阀阀芯向右移动，从而引起主阀芯向右移动，使其左位接入系统，其主油路如图 4—1—3 所示。

进油路：泵 1 →单向阀 2 →换向阀 6（左位）→ 行程阀 11（下位）→液压缸 13 左腔。

①压力继电器是将液压信号转变为电信号的转换元件。当液压系统中油液压力达到调定值时，该元件的电节点动作。

②时间继电器是一种利用电磁原理或机械原理实现延时控制的控制电器。

回油路：液压缸 13 右腔 →换向阀 6（左位）→单向阀 5 →行程阀 11 （下位）→液压缸 13 左腔，形成差动连接。

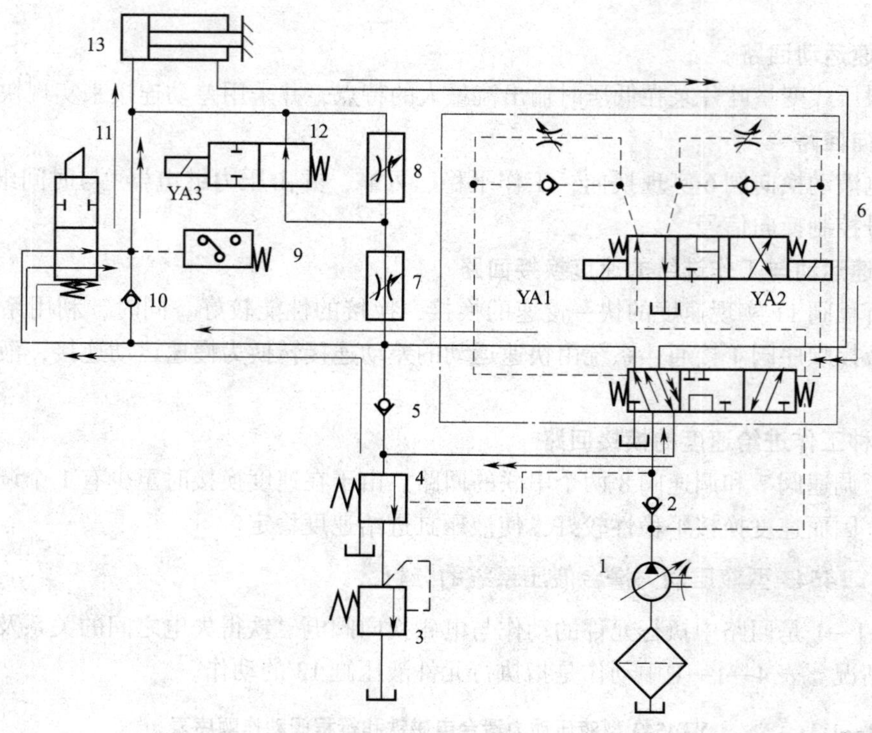

图 4—1—3　快进油路

（→— 进油路，→→— 回油路）

1—限压式变量叶片泵　2、5、10—单向阀　3—背压阀　4—液控顺序阀　6—电液动换向阀　7、8—调速阀　9—压力继电器　11—行程阀　12—电磁换向阀　13—液压缸

2. 一工进

当滑台快速运动到预定位置时，滑台上的行程挡块压下了行程阀 11 的阀芯，切断了该通道，使压力油须经调速阀 7、电磁换向阀 12 进入液压缸的左腔。由于油液流经调速阀，系统压力上升，打开液控顺序阀 4，此时单向阀 5 的上部压力大于下部压力，所以，单向阀 5 关闭，切断了液压缸的差动回路，回油经液控顺序阀 4 和背压阀 3 流回油箱，使动力滑台转换为第一次工作进给。其油路如图 4—1—4 所示。

进油路：泵 1→单向阀 2→换向阀 6（左位）→调速阀 7 →换向阀 12（右位）→ 液压缸 13 左腔。

回油路：液压缸 13 右腔→ 换向阀 6（左位）→ 顺序阀 4 →背压阀 3 →油箱。

因为工作进给时，系统压力升高，所以，泵 1 的输油量便自动减小，以适应工作进给的需要，进给量大小由调速阀 7 调节。

3. 二工进

第一次工进结束后，行程挡块压下行程开关使 YA3 通电，二位二通换向阀将通路切断，进油必须经调速阀 7、8 才能进入液压缸，此时由于调速阀 8 的开口量小于调速阀 7，所以进给速度再次降低，其他油路情况与一工进相同。

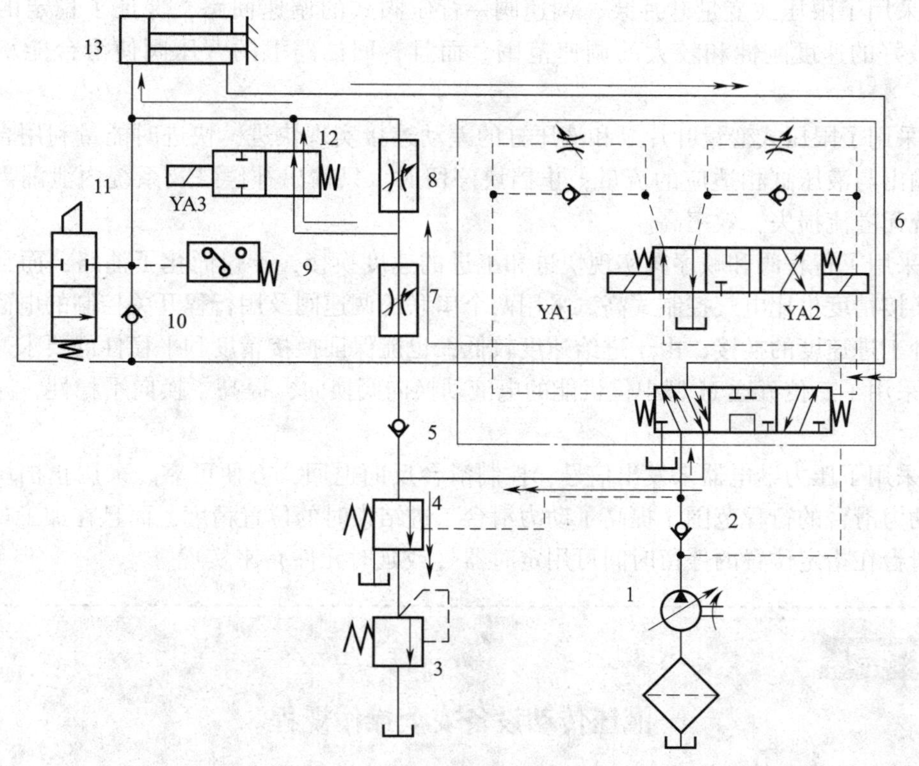

图 4—1—4　第一次工进油路

（→— 进油路，→→— 回油路）

1—限压式变量叶片泵　2、5、10—单向阀　3—背压阀　4—液控顺序阀　6—电液动换向阀　7、8—调速阀　9—压力继电器　11—行程阀　12—电磁换向阀　13—液压缸

4. 止挡块停留

当滑台工作进给完毕之后，碰上止挡块的滑台不再前进，停留在止挡块处，同时系统压力升高，当升高到压力继电器 9 的调整值时，压力继电器动作，经过时间继电器的延时，再发出信号使动力滑台返回，动力滑台的停留时间可由时间继电器在一定范围内调整。

5. 快退

时间继电器经延时发出信号，YA2 通电，YA1、YA3 断电，主油路为：

进油路：泵 1→ 单向阀 2→ 换向阀 6（右位）→ 液压缸 13 右腔。

回油路：液压缸 13 左腔 →单向阀 10 →换向阀 6（右位）→ 油箱。

6. 原位停止

当滑台退回到原位时，行程挡块压下行程开关，发出信号，使 YA2 断电，换向阀 6 处于中位，液压缸失去液压动力源，滑台停止运动。液压泵输出的油液经换向阀 6 直接回油箱，泵卸荷。

四、YT4543 型液压动力滑台液压系统的特点

根据 YT4543 型液压动力滑台液压系统基本回路及工作过程的分析，可以了解到该系统的特点是：

1. 采用了限压式变量叶片泵、调速阀—背压阀式的调速回路，保证了稳定的低速运动，有较好的速度刚性和较大的调速范围。而且，回油路上的背压阀使滑台能承受负值负荷。

2. 采用了限压式变量叶片泵和液压缸的差动连接实现快进，快进时能量利用合理；工进时只输出与液压缸相适应的流量；止挡块停留时，只输出补偿泵及系统内泄漏需要的流量。系统无溢流损失，效率高。

3. 采用了行程阀和顺序阀实现快进和工进的速度换接，不仅简化了油路，而且使动作可靠，换接精度也比电气控制式高。采用两个串联的调速阀及用行程开关控制的电磁换向阀实现两种工进速度的换接，由于进给速度较低，也能保证换接精度和平稳性的要求。

4. 采用了三位五通 M 型中位机能的电液动换向阀换向，提高了换向平稳性，减少了能量损失。

5. 采用了压力继电器来发出信号，控制滑台反向退回，方便可靠。采用止挡块来保证和调节动力滑台的行程范围，提高了动力滑台工进结束时的位置精度，而且在加工过程中液压动力滑台在指定位置的停留时间可用定时器（或延时元件）来实现。

〔知识拓展〕

液压传动设备安全操作规程

1. 开机前准备工作

(1) 工作前应检查油标、油量是否正常，油温、油压是否在允许的最低值以上，各阀门手柄是否在规定位置上。

(2) 液压泵启动后应检查各油压表压力是否正常，液压泵运转是否有异常声响，水管中是否有冷却水。校正机油泵启动时应注意检查电流是否正常，各管路接头是否有漏油现象。

(3) 工作中应注意查看工作压力是否正常，各运动部分是否正常，各润滑油路是否畅通。

(4) 定期检查液压油的清洁度，发现污染及时更换。

2. 开机后操作注意事项

(1) 要密切注意系统的压力和执行机构的变化，若出现异常情况应立即关闭电源，故障排除后方可继续运行。

(2) 系统工作中需要调整压力时，要缓慢地逐级升高压力。

(3) 系统工作时不可随意插拔系统元件和电气元件。

(4) 系统工作时，负责人员精力要集中，不准随意走动、串岗打闹。

§4—2　液压传动系统维护

学习目标

◎掌握液压传动系统的日常检查、定期检查和综合检查的内容。

◎了解液压传动系统故障的基本维修步骤。

◎了解液压元件的安装、使用和拆卸要点。

◎了解液压传动系统的常见故障及原因。

◎了解油管安装要点。

图4—2—1所示为M1432A型万能外圆磨床。工作时，上工作台7的往复运动、砂轮架5的进给运动、尾座顶尖的夹紧和松开都由液压传动系统驱动完成，磨床上的各个手柄用来控制这些运动的开始与停止以及对运动速度的调节。随着使用时间的延长，磨床液压传动系统中的液压元件会因为磨损、老化等现象，造成液压传动系统工作不正常。对磨床液压传动系统进行正确的维护可以延长磨床液压传动系统正常工作时间。应如何正确维护磨床的液压传动系统呢？首先，需要了解磨床液压传动系统的工作原理，其次，要有针对性地开展维护保养工作。

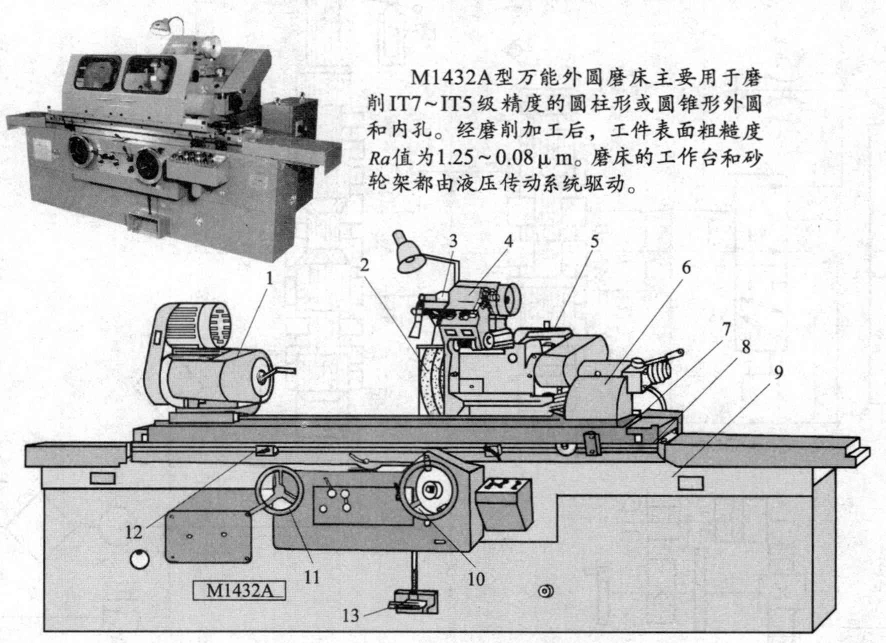

图4—2—1　M1432A型万能外圆磨床

1—头架　2—砂轮　3—内圆磨具　4—磨架　5—砂轮架　6—尾座　7—上工作台
8—下工作台　9—床身　10—横向进给手轮　11—纵向进给手轮　12—换向挡块　13—脚踏操纵板

一、M1432A型万能外圆磨床液压传动系统工作原理

图4—2—2为M1432A型万能外圆磨床液压传动系统回路图，该液压传动系统能实现以下功能：

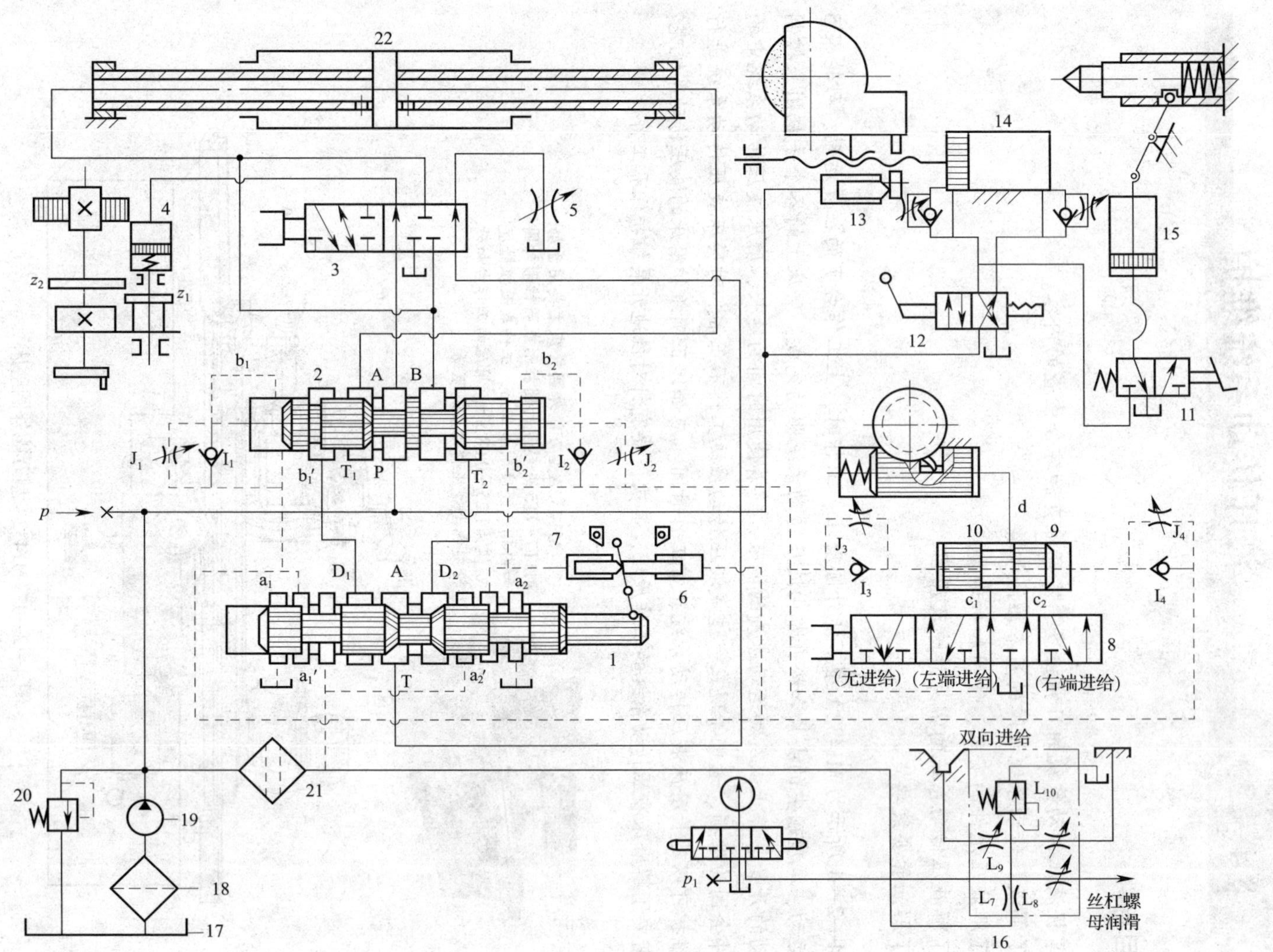

图4—2—2　M1432A型万能外圆磨床液压传动系统回路图

1—先导阀　2—换向阀　3—开停阀　4—互锁缸　5—节流阀　6—抖动缸　7—挡块　8—选择阀　9—进给阀　10—进给缸　11—尾座换向阀　12—快动换向阀　13—闸缸　14—快动缸　15—尾座缸　16—润滑稳定器　17—油箱　18—粗过滤器　19—液压泵　20—溢流阀　21—精过滤器　22—工作台进给缸

使工作台产生自动往复运动，并能在0.05～4 m/min之间无级调速，工作台换向平稳，启动、制动迅速；砂轮架能完成快速进退动作，砂轮架快速进退的液压缸设置有缓冲装置；由液压驱动完成尾座顶尖的伸缩；工作台可做短距离（1～3 mm）、频繁往复运动（100～150次/min），以提高生产效率和改善表面粗糙度。

1．工作台的往复运动

（1）工作台右行

先导阀1、换向阀2阀芯均处于右端，开停阀3处于右位。其主油路为：

进油路：液压泵19→换向阀2右位（P→A）→工作台进给缸22右腔。

回油路：工作台进给缸22左腔→换向阀2右位（B→T_2）→先导阀1右位→开停阀3右位→节流阀5→油箱。

液压油推动工作台进给缸带动工作台向右运动，由节流阀5调节其运动速度（回油调速）。

（2）工作台左行

当工作台右行至左边的换向挡块7时，撞到与先导阀1的阀芯相连接的杠杆，使先导阀芯左移，开始工作台的换向过程。其油路是：

进油路：液压泵19→精过滤器21→先导阀1左位（a_2'→a_2）→抖动缸6左端。

回油路：抖动缸6右端→先导阀1左位（a_1→a_1'）→油箱。

因为抖动缸的直径很小，上述流量很小的压力油足以使之快速右移，并通过杠杆使先导阀芯快跳到左端，从而使通过先导阀到达换向阀右端的控制压力油路迅速打通，同时又使换向阀左端的回油路也迅速打通（畅通）。

这时的控制油路是：

进油路：液压泵19→精过滤器21→先导阀1左位（a_2'→a_2）→单向阀I_2→换向阀2右端。

回油路：换向阀2左端回油路在换向阀芯左移过程中有三种变换。

1）换向阀2左端b_1'→先导阀1左位（a_1→a_1'）→油箱。换向阀芯因回油畅通而迅速左移，实现第一次快跳，当换向阀芯1快跳到制动锥的右侧关闭主回油路（B→T_2）通道，工作台便迅速制动（终制动）。换向阀芯继续迅速左移到中部台阶处于阀体中间沉割槽的中心处时，液压缸两腔都通压力油，工作台便停止运动。

2）换向阀芯在控制压力油作用下继续左移，换向阀芯左端回油路改为：换向阀2左端→节流阀J_1→先导阀1左位（a_1→a_1'）→油箱。这时换向阀芯按节流阀（停留阀）J_1调节的速度左移，由于换向阀体中心沉割槽的宽度大于中部台阶的宽度，所以阀芯慢速左移的一定时间内，液压缸两腔继续保持互通，使工作台在端点保持短暂的停留。其停留时间在0～5 s内由节流阀J_1、J_2调节。

3）最后当换向阀芯慢速左移到左部环形槽与油路（b_1→b_1'）相通时，换向阀左端控制油的回油路又变为：换向阀2左端→油路b_1→换向阀2左部环形槽→油路b_1'→先导阀1左位（a_1→a_1'）→油箱。这时由于换向阀左端回油路畅通，换向阀芯实现第二次快跳，使主油路迅速切换，工作台则迅速反向启动（左行）。这时的主油路是：

进油路：液压泵19→换向阀2左位（P→B）→液压缸22左腔。

回油路：工作台进给缸22右腔→换向阀2左位（A→T_1）→先导阀1左位（D_1→T）→

开停阀 3 右位→节流阀 5→油箱。

当工作台左行到位时，工作台上的挡块又碰杠杆推动先导阀右移。重复上述换向过程，实现工作台的自动换向。

2. 工作台液动与手动的互锁

工作台液动与手动的互锁是由互锁缸 4 来完成的。当开停阀 3 处于图 4—2—2 所示位置时，互锁缸 4 的活塞在压力油的作用下压缩弹簧并推动齿轮 z_1 和 z_2 脱开，这样，当工作台液动（往复运动）时，手轮不会转动。

当开停阀 3 处于左位时，互锁缸 4 通油箱，活塞在弹簧力的作用下带着齿轮 z_2 移动，z_2 与 z_1 啮合，工作台就可用手摇机构摇动。

3. 砂轮架的快速进退运动

砂轮架的快速进退运动是由手动二位四通换向阀 12（快动换向阀）操纵，由快动缸来实现的。在图 4—2—2 所示位置时，快动换向阀 12 右位接入系统，压力油经快动换向阀 12 右位进入快动缸 14 右腔，砂轮架快进到前端位置，快进终点靠活塞与缸体端盖相接触来保证其重复定位精度；当快动缸左位接入系统时，砂轮架快速后退到最后端位置。为防止砂轮架在快速运动到达前后终点处产生冲击，在快动缸两端设缓冲装置，并设有抵住砂轮架的闸缸 13，用以消除丝杠和螺母间的间隙。

手动换向阀 12（快动换向阀）的下面装有一个自动启闭头架电动机和冷却电动机的行程开关，以及一个与内圆磨具联锁的电磁铁（图上均未画出）。当手动换向阀 12 处于右位使砂轮架处于快进状态时，手动换向阀的手柄压下行程开关，使头架电动机和冷却电动机启动。当翻下内圆磨具进行内孔磨削时，内圆磨具压下另一行程开关，使联锁电磁铁通电吸合，将手动换向阀锁住在左位（砂轮架在退的位置），以防止误动作，保证安全。

4. 砂轮架的周期进给运动

砂轮架的周期进给运动是由选择阀 8、进给阀 9、进给缸 10 通过棘爪、棘轮、齿轮、丝杠来完成的。选择阀 8 根据加工需要可以使砂轮架在工件左端或右端时进给，也可在工件两端都进给（双向进给），也可以不进给，共 4 个位置可供选择。

如图 4—2—2 所示为双向进给，周期进给油路：压力油从 a_1 点→J_4→进给阀 9 右端；进给阀 9 左端→I_3→a_2→先导阀 1→油箱；进给缸 10→d→进给阀 9→c_1→选择阀 8→a_2→先导阀 1→油箱，进给缸柱塞在弹簧力的作用下复位。当工作台开始换向时，先导阀换位（左移）使 a_2 点变高压、a_1 点变为低压（回油箱）。此时周期进给油路为：压力油从 a_2 点→J_3→进给阀 9 左端；进给阀 9 右端→I_4→a_1 点→先导阀 1→油箱，使进给阀右移；与此同时，压力油经 a_2 点→选择阀 8→c_1→进给阀 9→d→进给缸 10，推动进给缸柱塞左移，柱塞上的棘爪拨棘轮转动一个角度，通过齿轮等推动砂轮架进给一次。在进给阀活塞继续右移时堵住 c_1 而打通 c_2，这时压力油经进给缸右端→d→进给阀 9→c_2→选择阀 8→a_1→先导阀 1→油箱，进给缸在弹簧力的作用下再次复位。当工作台再次换向时，周期进给一次。若将选择阀 8 转到其他位置，如右端进给，则工作台只有在换向到右端才进给一次，其进给过程不再赘述。从上述周期进给过程可知，每进给一次是由一股压力油（压力脉冲）推动进给缸柱塞上的棘爪拨棘轮转一角度。调节进给阀 9 两端的节流阀 J_3、J_4 就可调节压力脉冲的周期长短，从而调

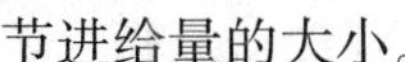

节进给量的大小。

5. 尾座顶尖的松开与夹紧

尾座顶尖只有在砂轮架处于后退位置时才允许松开。为操作方便，采用脚踏式二位三通阀 11（尾座换向阀）来操纵，由尾座缸 15 来实现。由图 4—2—2 可知，只有当快动换向阀 12 处于左位、砂轮架处于后退位置、尾座换向阀处于右位时，才能有压力油通过尾座换向阀进入尾座缸，推动杠杆拨尾座顶尖松开工件。当快动换向阀 12 处于右位（砂轮架处于前端位置）时，油路为低压（回油箱），这时如果误踏尾座换向阀 11 也无压力油进入尾座缸 15，顶尖也就不会推出。尾座顶尖靠弹簧力对工件进行夹紧。

6. 抖动缸工作过程

工作台频繁短距离换向称为抖动。当工作台向左或向右移动时，挡铁带动杠杆使先导阀阀芯向右或向左移动一个很小的距离，使先导阀 1 的控制进油路和回油路仅有一个很小的开口，通过此很小开口的压力油不足以使换向阀阀芯快速移动，这时，因为抖动缸柱塞直径很小，所通过的压力油足以使抖动缸快速移动。抖动缸的快速移动推动杠杆带动先导阀快速移动（换向），迅速打开控制油路的进、回油口，使换向阀也迅速换向，从而使工作台做短距离频繁往复换向——抖动。

二、机床液压传动系统的检查

以 M1432A 型万能外圆磨床液压传动系统的检查为例，可按照日常检查、定期检查、综合检查 3 种方式进行。这些检查是保障磨床液压传动系统正常工作、延长工作寿命的重要措施。

1. 日常检查

进行日常检查的目的是保证设备能够每天安全运行。一旦发生事故时，日常检查的资料有利于判定事故发生的原因和确定处理事故的对策。日常检查的内容主要有以下几个方面：

（1）检查油箱中的油量是否足够，油温是否正常。

（2）检查各密封部位、管接头等处的漏油情况。

（3）检查溢流阀的压力调节处等重要部位的螺钉有无松动。

（4）检查液压油的温度，一般检查油箱里油温，通常应在60℃以下。

（5）检查过滤器的堵塞情况，判断其是否需要更换。

（6）检查压力计、油温计、流量计等计量仪表是否正常，以确认其指示数值的正确性。

（7）检查电磁阀动作时的响声。

2. 定期检查

定期检查的目的是检查液压传动系统各个部件是否保持原有的工作性能。检查的周期和内容随机械设备的不同而不同。定期检查的内容主要有以下几方面：

（1）工作介质（油液）

在油箱的上、中、下三层分别取样，检查油液的清洁度、水分和黏度等性能指标。如果油液的性能指标达不到设备使用要求，则需按照设备使用说明书中规定的牌号更换新的油液。

在一般情况下，清洁度的检查大致按以下时间间隔进行。第一次检查，在使用开始后 3 个月或工作 500 h 后进行；第二次检查，在使用 6 个月或工作 1 000 h 后进行；以后，则每年或每工作 2 000 h 后检查一次。清洁度检查要求参照有关标准执行。

（2）液压泵

检查进油口、出油口管接头连接状态，泄漏量及吸入压力的大小，必要时需更换密封圈及轴承，检测容积效率。

（3）油箱

检查油量的多少，油液中有无沉积物及水分。检查油温计，清洁过滤器及空气过滤器，或更换滤芯。

（4）蓄能器

检查管接头及螺钉有无松动，检查容积效率及内部是否存在泄漏，必要时更换密封圈。

（5）控制阀

检查压力阀的压力设定值是否正确，调压机构是否能够正常工作；流量阀的流量指示值与流量实际值是否一致；电液阀的动态性能；阀的中位泄漏量。如果阀的性能有较大幅度的下降，则应加以更换。

（6）其他

检查管道支架是否有松动，橡胶软管有无损伤。检查冷却器及各种传感器的性能。

3. 综合检查

综合检查的内容比较全面，部件、元件、管件及其他辅助装置等，都要一一拆卸、分解并检查，分别鉴定各元件的磨损情况、精度及性能，重新估算使用寿命。根据综合检查结果，进行必要的修理或更换。修理时，要特别注意易损件或容易产生故障的部位（如易渗漏部位的密封圈、节流孔口及过滤器的滤芯等）。

三、机床液压系统的基本维修步骤

机床在运转中如发现不正常的振动、噪声、温度升高和动作失常，必须及时查明原因，排除故障。但有些故障如零件破损、摩擦副过度磨损甚至烧毁、工作液变质等，则需拆卸部件进行检修。当运转过程中出现不正常情况时，首先要停止机器运转，然后按下述步骤对机器进行检查。

1. 了解液压系统

了解液压系统，就是要熟悉有关技术资料、报告，掌握磨床液压系统的工作原理，掌握各种元件的基本结构和在系统中的具体功能，并记录液压系统必要的技术数据，如工作速度、压力、流量、循环时间等。

2. 询问操作人员

操作人员是机床液压系统产生故障的第一发现人，认真、仔细地询问和记录操作人员的答复，对快速而正确地诊断出故障点有着事半功倍的作用。通常从以下几方面进行询问：

（1）询问该设备的特性及其功能特征。

（2）询问该设备出现故障时的基本现象，如液压泵是否能启动，系统油温是否过高，系统的噪声是否太大，液压缸是否能带动负荷等。

3. 核实信息

对操作者提供的现象，通过观察仪表读数、工作速度，监听声响，检查油液及执行元件是否有误动作等手段来进一步核实。然后，按系统内液流流程从油箱依次沿回路仔细查找，按时记录观察结果。要仔细检查油箱内的油液，确定是否有污垢进入系统，是否影响系统各元件的正常工作；用手摸，检查进油管及高压油管有无脆化、软化、泄漏、破损；检查各控制元件的管接头以及壳体的安装螺钉有无松动；最后检查液压油及液压缸的活塞杆有无问题。在每步检查中应注意有无操作或保养不当的现象，以发现由此而产生的故障原因。

4. 制定维修方案

根据了解、询问、核实、检查所得到的资料列出可能的故障原因表，按“先易后难”的原则，排出检查顺序。先排除那些一经简单检查核实或修理即可使设备恢复正常的故障，以便在最短时间内完成检查工作。

5. 排除故障

根据制定的维修方案，找出产生故障的原因后，就开始着手排除故障。在寻找和排除故障的过程中，应该认真、仔细、慎重，力求准确，避免盲目地拆卸零部件，或用不妥当的方法处理故障，以免由此而引起新的损坏。由于不必要的、过早的拆装会降低这些元件的使用寿命，因此，除非必要时，不得轻易拆卸各液压元件。

四、主要液压元件的安装、使用和拆卸要点

正确安装液压元件，是保证液压系统正常工作的基本条件。不同的液压元件有不同的安装要求：

1. 液压泵的安装和使用要点

（1）液压泵安装和使用的一般要点

1）在安装液压泵之前，应检查电动机的功率。电动机的功率要和液压泵的功率相匹配。由于在能量转换和传递过程中存在着压力损失和流量损失，因此，驱动泵的电动机功率必须大于泵的功率。

2）在安装液压泵之前，应检查电动机的转速。电动机的转速必须与液压泵的额定转速相适应，并与泵同向旋转。

3）液压泵与电动机一般采用挠性联轴器连接。连接时，两轴的同轴度误差不得大于0.1 mm，或者倾斜度误差不得大于1°。

4）不允许用V带直接带动泵轴转动，以防泵轴受径向力过大，影响泵的正常运转。

5）液压泵的旋转方向和进、出油口应按要求安装。

6）按液压泵的规定选用液压油。一般液压泵选用普通液压油，如YA－N46（46#液压油），工作油温控制在0～80℃，进口油压控制在－0.07 MPa左右。并按规定定期更换或添加液压油。在吸油管进口处安装过滤器（过滤精度约为25 μm），以保持系统油液的清洁度。

7）液压泵的吸油口距油面高度距离不应超过0.5 m，应按其使用说明书进行安装。

（2）齿轮泵的安装和使用要点

除了上述液压泵的安装和使用一般注意事项外，在齿轮泵的安装和使用中还有其他重要的要求：

1）如果使用齿轮泵，应该检查齿轮泵的旋转方向。齿轮泵多为单方向泵，分为左泵和右泵。安装时需注意它的旋转方向。如果方向错误，造成液压泵反向使用，则不能给系统供油或系统油量不足。并且，在较短时间内会造成泵轴油封被翻转而冲破。同时，还要检查齿轮泵的进、出油口的连接，不得反接。

2）如果使用齿轮泵，应限制它的极限转速。齿轮泵的转速不能过高或过低。转速过高，油液来不及填满整个齿间空隙，易造成“空穴”现象，产生振动和噪声；转速过低，不能使齿轮泵的吸油腔形成必要的真空，造成吸油不畅。目前，国产齿轮泵的驱动转速在300 ~4 450 r/min，详见各种齿轮泵的使用说明书。

3）齿轮泵应通过挠性联轴器与电动机连接，如图4—2—3所示。

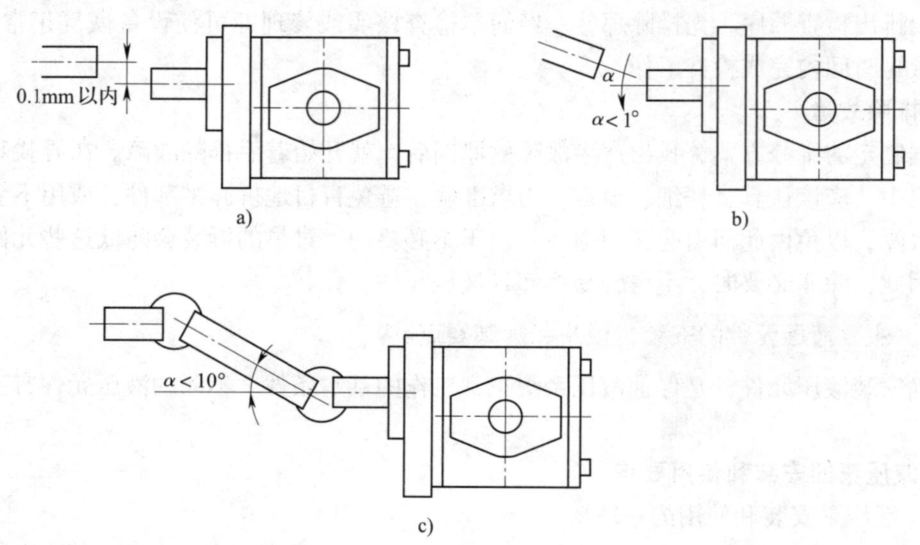

图4—2—3　齿轮泵的安装

a）与联轴器的同轴度　b）与联轴器的夹角　c）与万向联轴器的连接

2. 液压缸的安装和拆卸要点

（1）液压缸的安装要点

1）安装液压缸前，应检查液压缸的外包装是否完好，尤其在液压缸油口结合面及活塞杆外露部分应设有防护装置。外包装的主要目的是防止运输过程中发生磕碰现象，而对液压缸产生损伤。

2）在起吊时液压缸应拴挂牢靠，以免摔碰。

3）在机床上安装液压缸，应以导轨为基准。液压缸侧母线应与V形导轨平行，上素线与平导轨平行，误差小于0. 05 ~0. 10 mm/1 000 mm。

4）垂直安装的液压缸为防止因自重而跌落，应配置好机械装置的质量，并调整好平衡用的背压阀弹簧力。液压缸中的活塞杆应校直，直线度误差小于0. 2 mm/1 000 mm。

5）液压缸的负荷中心应该与推力中心重合，避免产生颠簸力矩，使密封件不受偏载。密封圈的预压缩量不要太大，以保证在全线内移动灵活，无阻滞现象。

6）为防止液压缸缓冲机构的失灵，应检查单向阀钢球是否漏装或接触不良。

（2）液压缸的拆卸要点

1）拆卸液压缸前，应使液压缸回路中的油压降为零。

2）拆卸时要防止损坏液压缸的零件。

3）由于液压缸结构不尽相同，拆卸的顺序也不尽相同，要根据具体情况进行判断，见表4—2—1。

表4—2—1 不同结构液压缸的拆卸顺序

结构形式	拆卸顺序
法兰式连接	应先拆除法兰连接螺钉，不能硬撬或锤击，以免损坏
内卡键式连接	应使用专用工具，将导向套向内推，露出卡键。将卡键取出后，用尼龙或橡胶质地的物品把卡键槽填满后再往外拆
螺纹式连接	应先把螺纹压盖拧下

4）在拆除活塞杆和活塞时，不能硬将活塞杆组件从缸筒中拉出，应设法保持活塞杆组件和缸筒的轴心在一条线上缓慢拉出。

5）液压缸的零件拆除后，应将零件保存在较干净的环境中，并加装防止磕碰的隔离装置。重新装配液压缸前，应将零件清洗干净。

3. 阀的安装要点

（1）电磁换向阀内的泄漏油液，必须单独设回油管，以防止泄漏回油时产生背压，避免阻碍阀芯运动。

（2）溢流阀回油口不允许与液压泵的入口相接。

（3）方向控制阀应保证轴线呈水平位置安装。

4. 安装液压元件的其他要点

安装液压元件前，要用煤油清洗液压元件，自制的重要元件应进行密封和耐压试验。试验压力可取工作压力的2倍，或取最高使用压力的1.5倍。试验时要分级进行，每升一级检查一次，不要直接升到试验压力，以免损害元件。

五、液压系统常见故障及原因

以M1432A型万能外圆磨床液压系统为例，介绍常见故障现象及原因，见表4—2—2。

表4—2—2 常见故障现象及原因

异常现象	主要原因
噪声振动	1. 吸入管道过细，弯头过多，吸入阻力太大而产生空穴现象* 2. 油的黏度过高而产生空穴现象 3. 吸油过滤器堵塞而产生空穴现象 4. 吸入管路中吸入空气，气泡侵入回路 5. 由于阻力过大，液压泵轴端密封处吸入空气 6. 溢流阀、节流阀阀座表面不良，排油回路排油不畅 7. 装配不良或轴承损坏

续表

异常现象	主要原因
不能升压	1. 泵、发动机或液压缸损坏 2. 控制阀操作与调整的差错 3. 压力控制阀内有脏物或弹簧损坏 4. 阀芯、阀座间的密封面密封不良
运动时产生脉动	1. 负荷惯性与回路共振、单向阀的振动 2. 吸入管路中吸入空气，回路内排气不充分
运动时产生冲击	1. 回路性能不良，特别要注意减速回路 2. 换向阀切换过快，节流阀调节不当 3. 惯性负荷停止时，溢流阀动作过慢而产生压力冲击
停止位置产生微动	1. 换向阀中位停止时，阀存在泄漏 2. 活塞密封不良而产生泄漏
速度慢	1. 液压泵工作异常 2. 阀、密封等处泄漏 3. 管道堵塞

*空穴现象是指在液流中当某点压力低于液体所在温度下的空气分离压时，原来溶于液体中的气体会分离出来产生气泡的现象。空穴现象较为严重时，将造成液流呈不连续状态。

〔知识拓展〕

油管的安装要点

1. 吸油管的连接不应漏气，各个接头要紧牢和密封好。

2. 吸油管道上应设置过滤器。

3. 回油管应插入油箱的油面以下，防止飞溅泡沫和混入空气。

4. 全部管路应进行两次安装，第一次试装，第二次正式安装。试装后，拆下油管，用质量分数20%的硫酸或盐酸溶液酸洗，再用质量分数10%的苏打水中和，最后用温水清洗，待干燥后涂油进行二次安装。安装时，应注意管路内不能有沙子和氧化皮等。

第五章　气压传动基础知识

§5—1　气压传动概述

学习目标

◎ 掌握气压传动技术的概念。
◎ 掌握气压传动系统的组成和作用。
◎ 了解气压传动系统的控制结构。
◎ 了解气压传动技术的特点。
◎ 了解气压传动技术的应用。

由于液压传动系统存在油液泄漏等情况，会造成对食品的污染，故不适用于食品制造等对环境要求高的生产场合。因此，在自动面包机（图5—1—1）中需要采用对食品无污染的气压传动系统。

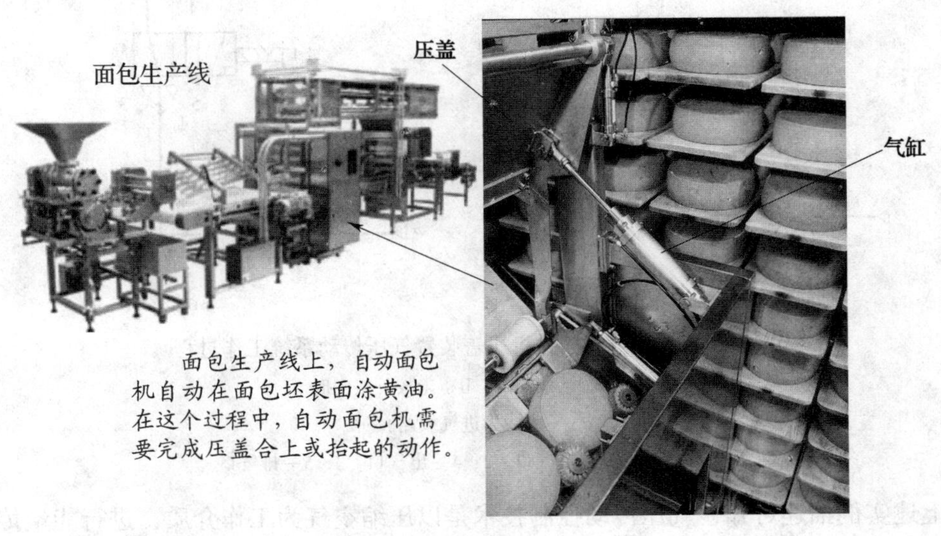

图5—1—1　自动面包机

气压传动与液压传动在原理上有很多相似的地方，它们都依靠流体介质来传递运动和动力。液压传动系统依靠的是液体，而气压传动系统依靠的是压缩空气。气压传动系统的组成部分与液压传动系统的组成部分也相似。但是，气压传动系统又有其自身的特点。

一、气压传动技术的概念

图 5—1—2 所示为自动面包机压盖装置的气压传动控制回路图。整个系统以压缩空气作为系统的工作介质。当按下按钮 1.1 时，换向阀的左位接入回路，将压缩空气输入气缸 1.0 的无杆腔，推着气缸的活塞杆伸出，活塞带动与其相连的压盖抬起，如图 5—1—3a 所示；当松开按钮 1.1 时，换向阀的右位接入回路，将压缩空气输入气缸 1.0 的有杆腔，推着气缸的活塞杆缩回，将压盖合上，如图 5—1—3b 所示。在这个过程中，换向阀控制压缩空气的流动方向，从而控制气缸的往复运动。与液压传动系统不同的是，在压缩空气进入气缸 1.0 的某一工作腔时，另一腔的空气将从按钮 1.1 的排气口排向大气。这点与液压传动系统不同，液压传动系统非工作腔中的油液要回到油箱中循环使用。

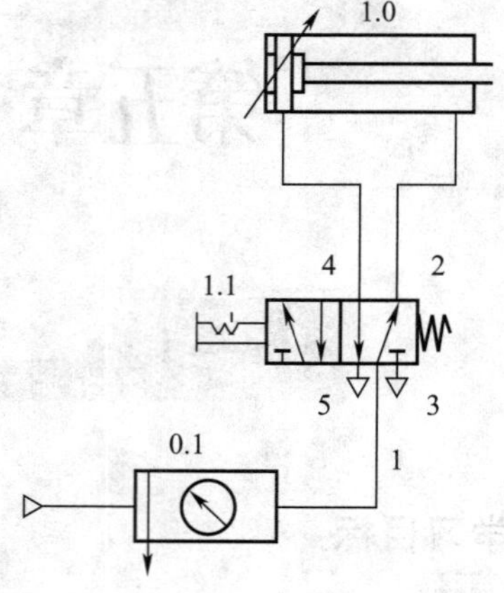

图 5—1—2　自动面包机压盖装置的气压传动控制回路图

0. 1—气源　1. 1—按钮　1. 0—气缸
1—进气口　2、4—出气口　3、5—排气口

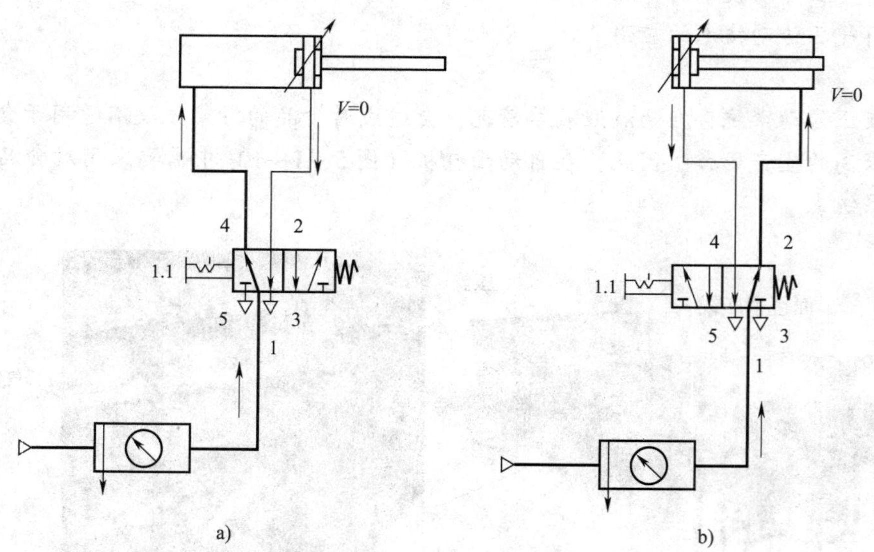

图 5—1—3　自动面包机压盖装置气压传动系统工作过程

a）按下按钮时　b）未按下按钮时

（粗线为进气线路）

1. 1—按钮　1—进气口　2、4—出气口　3、5—排气口

从上述实例描述可知，气压传动控制技术是以压缩空气为工作介质，进行能量传递或信号传递的控制技术，简称气压传动技术。

二、气压传动系统的组成和作用

通过对自动面包机压盖装置的气压传动控制回路的分析可知，一个完整的气压传动系统

需要有提供系统动力的元件——动力元件，推动外负荷做功的元件——执行元件，控制气缸伸出和缩回的元件——控制元件，传输运动和动力的工作介质——压缩空气，以及将这些装置连接成完整系统的辅助元件（如气管等）。气压传动系统的组成部分、常用元件和作用见表 5—1—1 。

表 5—1—1　　气压传动系统的组成部分、常用元件和作用

组成部分	常用元件	作用
动力元件（气源装置）	气泵　气站　三联件	主要是把空气压缩到原来体积的 1/7 左右，形成压缩空气，并对压缩空气进行处理，最终可以向系统供应干净、干燥的压缩空气
执行元件	气缸　摆动缸　气压传动马达	利用压缩空气实现不同的动作，来驱动不同的机械装置。可以实现往复直线运动、旋转运动及摆动等
控制元件	换向阀　顺序阀　压力控制阀　调速阀	气压传动控制元件由末级主控元件、信号处理及控制元件组成，其中，末级主控元件主要控制执行元件的运动方向；信号处理及控制元件主要控制执行元件的运动速度、时间、顺序、行程及系统压力等
辅助元件	气管　过滤器　消声器	连接元件之间所需的一些元器件，以及对系统进行消声、冷却、测量等方面的一些元件
工作介质	压缩空气	向系统提供动力

三、气压传动系统的控制结构

气压传动控制技术是基于液压控制技术，但它的控制思想又是采用电子控制的思想，其各组成部分的连接、信号处理、控制之间的关系及层次如图 5—1—4 所示。

在气压传动控制系统中，气源装置提供能量输送给各个元器件；通过按钮等元件触发信号，再通过信号处理及控制元件采集处理各种信号，最终发送给末级主控元件；末级主控元件根据主控信号，控制压缩空气的流动方向及执行元件的运动方向。

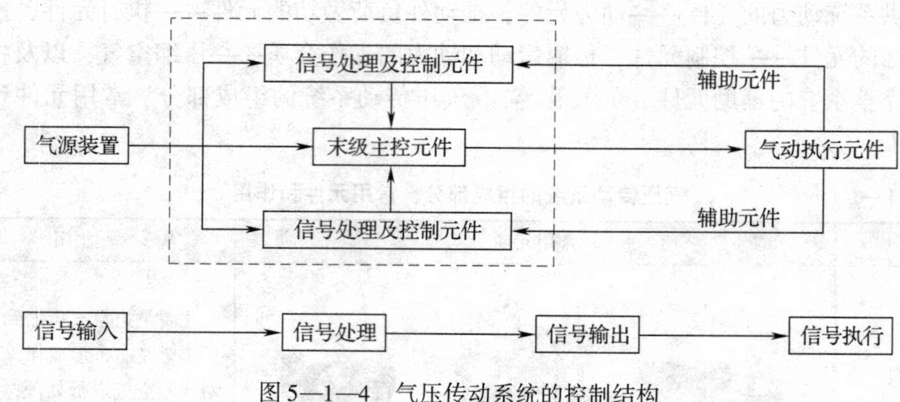

图 5—1—4　气压传动系统的控制结构

从信号流上讲，气压传动控制元件完成信号的处理，由末级主控元件输出执行信号，最后由气压传动执行元件执行命令。

四、气压传动技术的特点

随着科学技术的发展，气压传动技术广泛应用于机械、电子、轻工、纺织、食品、医药、冶金、石化、航空、交通运输等各行各业。气压传动技术与其他控制方式（如机械控制、电气控制、液压控制）相比具有以下特点：

1. 优点

（1）工作介质是压缩空气。空气到处都有，用量不受限制，排气处理简单，不污染环境。

（2）压缩空气为快速流动的工作介质，故可获得较高的工作速度。

（3）全气压传动控制具有防火、防爆、耐潮的特性。

（4）气压传动系统的结构简单、轻便，便于安装和维护。

（5）输出压力及调节速度方便，大小可无限变化。

（6）因为空气具有可压缩、黏度很小（约为液压油的万分之一）、流动阻力小的特点，所以空气在管道中流动时压力损失较小，可储存能量，能够实现集中供气和远距离输送。

2. 缺点

（1）空气具有可压缩性，不易实现准确的定位和速度控制。

（2）气缸输出压力能满足许多场合的应用，但是其输出压力较小，通常在 20 ~ 30 kN。

（3）气压传动系统中信号的传递速度比光、电控制系统中慢，所以不适用于信号传递速度要求很高的复杂线路中。同时，实现生产过程的遥控也比较困难。但是，气压传动信号的传递速度能够满足一般的机械设备工作要求。

（4）气压传动系统排气噪声较大。随着吸声材料和消声器的发展和广泛应用，这个问题在一定程度上得到了解决。

自动面包机之所以采用气压传动控制，这主要是由气压传动技术的特点决定的。气压传动系统使用压缩空气作为工作介质，不污染环境，这对现代食品生产机械更加合适。而且，它可获得较高的工作速度，适用于生产量大、重复工作的场合。另外，气压传动系统的输出压力较小，这样可以避免在加工过程中损伤食品外形。

五、气压传动系统和液压传动系统的性能比较

从系统组成上看，气压传动系统和液压传动系统很相似：由动力元件、执行元件、控制元件及辅助元件组成；利用介质传递运动、动力和控制信号。唯一的区别是：气压传动系统的介质是空气，液压传动系统的介质是液压油。但是，气压传动系统和液压传动系统在性能上有很大不同。

1. 气压传动系统对负荷变化影响较大，速度反应较快，产生的推力中等，传递信号比较容易，且易实现中距离控制。而液压传动系统对负荷变化影响较小，传动速度较慢，可实现大推力，传递信号较难，常用于短距离控制。

2. 气压传动系统的工作介质是空气，使用寿命长，价格低廉。但是，该系统需单独设置润滑装置，通过外加油方式对系统进行润滑。液压传动系统的工作介质是液压油，使用寿命相对较短，价格较贵，但是可直接用于系统的润滑。

3. 气压传动系统结构简单，制造方便，维护简便。液压传动系统结构复杂，制造相对困难，维护困难，故障排除复杂。

4. 气压传动系统可用于易燃、易爆、冲击场合，不产生污染，不受温度污染的影响；但是运行时噪声大。液压传动系统不怕振动，运行时噪声较小，但是液压油泄漏会污染环境，且液压油易燃，对温度污染敏感。

〔知识拓展〕

气压传动技术的应用

1. 气压传动技术在智能机械——机械手中的应用

机械手是能模仿人手和臂的某些动作功能，用以按固定程序抓取、搬运物件或操作工具的自动操作装置。机械手是最早出现的工业机器人，也是最早出现的现代机器人，它可代替人的繁重劳动以实现生产的机械化和自动化，能在有害环境下或危险状况下操作以保护人身安全，因而广泛应用于机械制造、冶金、电子、轻工和原子能等部门。

由于气压传动系统使用安全、可靠，因此，它可以在高温、振动、易燃易爆、多尘埃、强磁、辐射等恶劣环境下工作。气压传动机械手具有结构简单，自重轻，动作迅速、平稳、可靠，可实现复杂动作，节能，不污染环境，容易实现无级变速，过载保护等优点。所以，气压传动机械手被广泛应用在汽车制造业、半导体和家电制造业、食品和药品生产行业，以及精密仪器制造和军工方面。图 5—1—5 所示为气压传动机械手在机械制造、汽车焊接加工方面的应用。

2. 气压传动技术在仿生学中的应用

仿生学是生物学、数学和工程技术学互相渗透而结合形成的一门新兴的边缘科学。

气压传动技术与其他传动方式相比有着显著的优点，因而在现代仿生技术中得到广泛应用。其中，气压传动肌肉是一项创新技术。这种人造肌肉的气压传动力很大，其动力学性能和人体肌肉相似。这种肌肉由于质量小、灵活性高和多方面应用的可能性，特别适用于仿生学的工作。

a)

b)

图 5—1—5　机械手

a）机械手在机械制造中的应用　b）机械手在汽车焊接加工中的应用

图 5—1—6a 所示为一条可遥控的气压传动驱动“鱼”——Airacuda，其构造、形状和运动完全模仿它的生物学样板。在“鱼”的头部隐藏着电子装置和气压传动元件，通过其中的两个气压传动肌肉来控制尾鳍进行 S 形的运动，通过另外两块气压传动肌腱可以实现所需要的转向角度。在水中，Airacuda 通过气压传动肌肉的交替伸缩，能够全力摆动它的鳍。

仿真机器人中也应用了气压传动肌肉，目前已经发展到具有 2 个手臂和 5 个手指的酷似人体的机器人项目，如图 5—1—6b 所示。该项目中，气压传动肌肉的拉力可以通过人造肌肉和许多关节传递到所需要的调节元件上。一对气压传动肌肉连接在一起，能够储存能量，实现往复运动；并且通过弯曲、伸展、旋转等基本功能，在具有 48 个自由度的结构的总体框架内，可以实现高度复杂的运动过程。这种机器人既可以实现预先编程的运动，也可以在线控制。这样，人类的所有运动动作都能以约 0.5 s 的微小滞后时间直接传递到机器人上，即使在很远的地方也可以实现控制。因此，应用气压传动肌肉的仿真机器人可以进入人不能接近或者危险的地方（包括地面危险区域、海洋深处、太空）进行工作。

气压传动技术的应用随着科学技术的发展而逐步扩大。但是，有数据显示，国外气压传动行业的产值为机械工业产值的1%～2%，而我国目前只有0.1%～0.3%，由此可见，我国气压传动技术的发展仍然有很长的路要走。这需要我们及时掌握现代前沿技术，为气压传动技术的普及和推广以及行业的发展起到积极的作用。

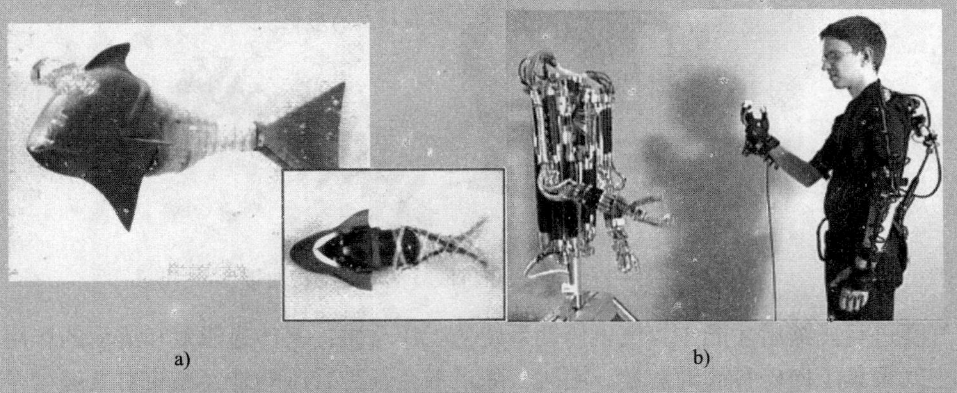

a)　　b)

图5—1—6　仿生学中的应用

a）仿生鱼　b）机器人

§5—2　气源装置

学习目标

◎掌握气源装置的组成及作用。
◎了解空气压缩机的分类、气源调节装置的组成。
◎掌握空气压缩机的日常维护与保养。
◎了解气压传动系统对压缩空气的要求。

空气锻压机对曲轴材料进行锻打（图5—2—1）时，是由什么装置提供给空气锻压机气压传动系统的能量呢？压力油具有不可压缩性，可以作为液压传动系统的工作介质来传递运动和能量，它通过液压泵提供给液压传动系统。由于空气有很大的可压缩性，不能满足气压传动系统传递动力的要求，并且混合有大量的水分、固体颗粒状的杂质，会严重影响气压传动系统的正常工作。因此，在气压传动系统中不能直接利用空气作为传动介质。那么，要通过什么装置对空气进行必要的处理，来满足气压传动系统的使用要求呢？

曲轴是汽车发动机的一个重要零件。在生产中，通常利用空气锻压机对材料进行反复锻打加工，从而获得所需的形状。

图 5—2—1　空气锻压机锻打汽车发动机曲轴

空气要进行压缩后才能作为气压传动系统的工作介质，起传递能量和运动的作用。被压缩后的空气聚集了向外释放的能量。同时，除了对空气进行压缩外，还要对其进行净化，去除其中混杂的水分和杂质。向气压传动系统的各个设备提供干净、干燥的压缩空气的装置被称为气源装置。

一、气源装置的组成

1. 组成部分（图 5—2—2）

气压传动系统对压缩空气的主要要求如下：具有一定压力和流量，并具有一定的净化程度。气源装置为气压传动系统提供满足质量要求的压缩空气，是气压传动系统的一个重要组成部分。气源装置一般由 4 个部分组成：气压发生装置，净化、储存压缩空气的装置和设备，传输压缩空气的管道系统，气源调节装置三联件。

2. 气源装置的工作过程

在生产实际中，气源装置的前两部分设备被布置在压缩空气站内，作为工厂或车间统一的气源。图 5—2—3 所示为气源装置工作流程。空气压缩机由电动机带动运转，从而产生压缩空气。其吸气口装有空气过滤器，以减少进入空气压缩机内气体的杂质数量。冷却器对压缩空气进行冷却，使混杂在压缩空气中的汽化水和油凝结。油水分离器再将冷却凝结的水滴、油滴、杂质等分离并排除。储气罐储存经过过滤、清洁的压缩空气，稳定压缩空气的压力，并除去剩余的油分和水分。干燥器进一步吸收和排除压缩空气中的水分和油分，使之变成干燥空气。空气过滤器用以进一步过滤压缩空气中的灰尘、杂质颗粒。图 5—2—2 中的储气罐 6 输出的压缩空气可用于一般要求的气压传动系统，储气罐 11 输出的压缩空气可用于要求较高的气压传动系统（如气压传动仪表及射流元件组成的控制回路等）。

3. 气源装置组成部分的图形符号及功能

气源装置各组成部分的图形符号、功能和作用见表 5—2—1。

二、空气压缩机

空气压缩机简称空压机，是将电动机传出的机械能转化成压缩空气的压力能的装置。它将空气压缩成压缩空气。

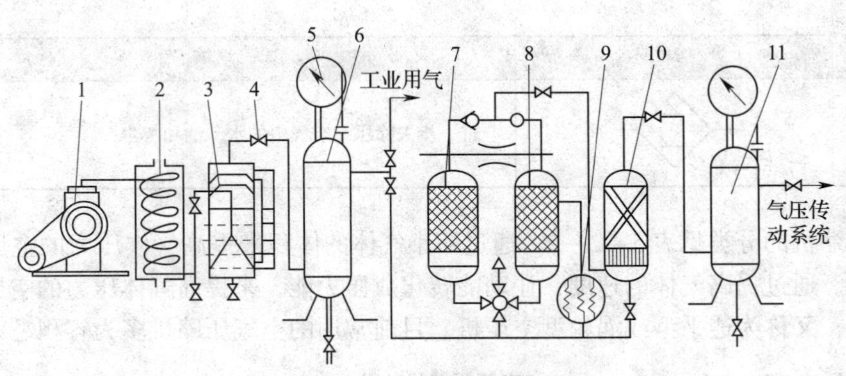

图 5—2—2　气源装置组成

1—空气压缩机　2—冷却器　3—油水分离器　4—阀门　5—压力计　6、11—储气罐
7、8—干燥器　9—加热器　10—空气过滤器

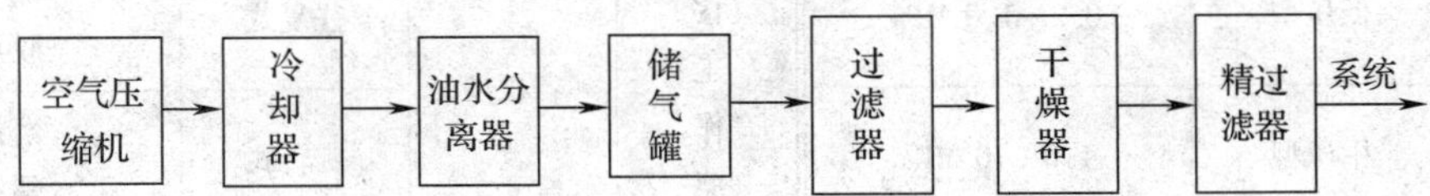

图 5—2—3　气源装置工作流程

表 5—2—1　　　　**气源装置各组成部分的图形符号、功能和作用**

组成部分	图形符号		功能和作用
气泵			对空气进行压缩，形成压缩空气
冷却器			将气泵出口的压缩空气冷却至40℃以下，使其中的大部分水蒸气和轻质油雾冷凝成液态水滴和油滴
油水分离器	手动		将经冷却器降温析出的水滴和油滴等杂质从压缩空气中分离出去
	自动		
储气罐			储存压缩空气并可以消除压力脉动，保证供气的连续性和稳定性
过滤器	粗		进一步清除压缩空气中的油雾、水和粉尘，以提高下游干燥器的工作效率，延长精过滤器的使用寿命
	精		再次对压缩空气中的油雾、水和粉尘进行清除

续表

组成部分	图形符号	功能和作用
干燥器		进一步去除压缩空气中的水、油和灰尘

空气压缩机的分类见表 5—2—2。通过缩小气体的体积来提高气体压力的空压机称为容积型空压机。通过提高气体的速度，让动能转化成压力能，来提高气体压力的空压机称为速度型空压机，又称为透平型或涡轮型空压机。目前常用的空气压缩机多为容积型活塞式。

表 5—2—2　　　　空气压缩机的分类

分类标准	类别	说明	分类标准	类别	具体种类	
按压力分	低压型	0.2～1.0 MPa	按工作原理分	容积型	往复式	活塞式 膜片式
	中压型	1.0～10 MPa			旋转式	滑片式 螺杆式
	高压型	>10 MPa		速度型	离心式	
					轴流式	

选用空气压缩机的依据是气压传动系统所需的工作压力、流量和一些特殊的工作要求。目前，气压传动系统常用的工作压力为 0.1～0.8 MPa，可直接选用额定压力为 1 MPa 的低压型空气压缩机，如果有特殊需要，也可选用中、高压型的空气压缩机。图 5—2—4 所示为现在市场上常见的空气压缩机。

a)　　b)

c)

图 5—2—4　常见的空气压缩机

a）活塞式　b）双螺杆式　c）单螺杆无油式

三、气源调节装置

在实际应用中，从压缩空气站输出的压缩空气并不能满足气压传动元件对气源质量的要求。为使气源质量满足气压传动元件要求，通常在气压传动系统前面安装气源调节装置。

1. 气源调节装置的组成

气源调节装置是由过滤器、减压阀和油雾器三部分组成的，被称为三联件，如图 5—2—5 所示。它是气压传动系统中必不可少的气源装置。过滤器用于从压缩空气中进一步除去水分和固体杂质粒子等。减压阀用于将进气压力调节至系统所需的压力，起到降压、稳压的作用。油雾器可以把油滴喷射到压缩空气中；带油雾的压缩空气进入到气压传动系统中，对气压传动元器件进行润滑。由于三联件是压缩空气净化处理的最后环节，所以，三联件是保证气压传动系统工作介质质量的关键。

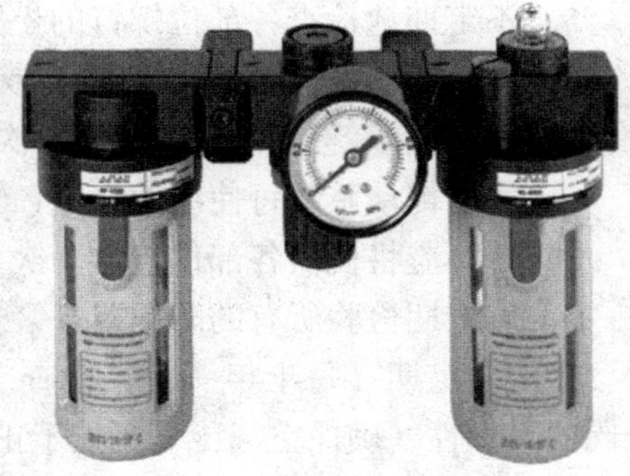

图 5—2—5　气源调节装置——三联件

一般气压传动系统的空气直接排入大气中。含有一定油量的空气会对人体造成伤害，特别是一些特殊行业（如食品行业）不允许压缩空气中含有润滑油，这对气源调节装置提出了更高要求。随着科学技术的进步，由于一些新技术、新工艺的应用，现在一些气压传动元器件已不需要在压缩空气中加入油雾进行润滑，因此，气源调节装置只由过滤器和减压阀组成，被称为二联件。

2. 气源调节装置图形符号

如图 5—2—6 所示为气源调节装置的图形符号，一般在系统图中都是以简化符号画出。

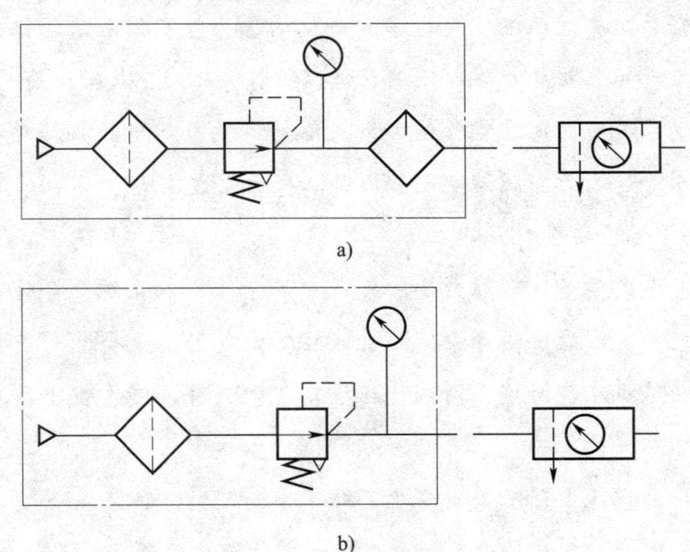

图 5—2—6　气源调节装置的图形符号与简化符号

a）三联件　b）二联件

四、空气压缩机的日常维护及保养事项

1．保持空气压缩机的清洁。往复式空气压缩机的润滑油一定要定期更换，必须使用不易氧化和变质的压缩机油，防止出现“油泥”。

2．储气罐的放水阀每天打开一次，排除油水。在湿气较重的地方，应该每隔 4 h 打开一次。

3．每天检查一次润滑油位，确保空气压缩机的润滑。

4．每隔 15 天清理或更换一次空气过滤器（滤芯为消耗品）。

5. 不定期地检查各部位螺钉的松紧程度。

6. 气压传动系统最初运转 50 h 或一周后应更换新的润滑油。以后，每 300 h 更换新油一次（使用环境较差者应 150 h 换一次油），每运转 36 h 加油一次。

7. 气压传动系统每使用 500 h（或半年）应将气阀拆出清洗。

8. 每年应将机器各部件清洁一次。

9. 应定期检验所有的防护罩、警告标志等安全防护装置。

10. 应定期（每半年一次）检查空压机的压力释放装置、停车保护装置及压力表、安全阀的灵敏性，确保空气压缩机处于正常工作状态。

11. 应定期检查受高温的零部件（如阀、气缸盖、排气管道），清除附着在内壁上的油垢和积炭。设备运转时，严禁触摸这些高温部件。

〔知识拓展〕

气压传动系统对压缩空气的要求

1. 压力和流量要求

如果气压传动系统中的压缩空气达不到一定的压力，不但无法保证执行机构产生足够的推力，甚至连控制机构都难以正确动作。所以，压缩空气必须有一定的压力。

如果气压传动系统中的压缩空气达不到足够的流量，就不能满足对执行机构运动速度和程序的要求等。因此，压缩空气必须保证有充足的流量。

2. 清洁度和干燥度要求

清洁度是指气源的质量及颗粒大小。气源中的杂质进入系统，会使气压传动系统中的元件快速地磨损，缩短使用寿命。而混入压缩空气的油液会随着气压传动系统的排气排入空气中，造成环境污染。所以，压缩空气中的含油量、灰尘杂质等都要控制在很低范围内。

干燥度是指压缩空气中含水量的多少。非干燥的压缩空气进入系统会造成对气压传动元件的腐蚀，因此，气压传动系统要求压缩空气的杂质含量和含水量越低越好。

第六章　气压传动控制元件与单缸控制回路

§6—1　方向控制阀与单缸直接控制回路

学习目标

◎掌握方向控制阀的图形符号、工作原理、控制方式和接口表示方法。
◎掌握气动换向阀的工作原理及特性。
◎掌握单缸直接控制回路的工作特点及组成。
◎了解气压传动回路的控制方式及应用。

地铁车厢气动门（图6—1—1）连接在气压传动系统的气缸上。气动门的自动开启和关

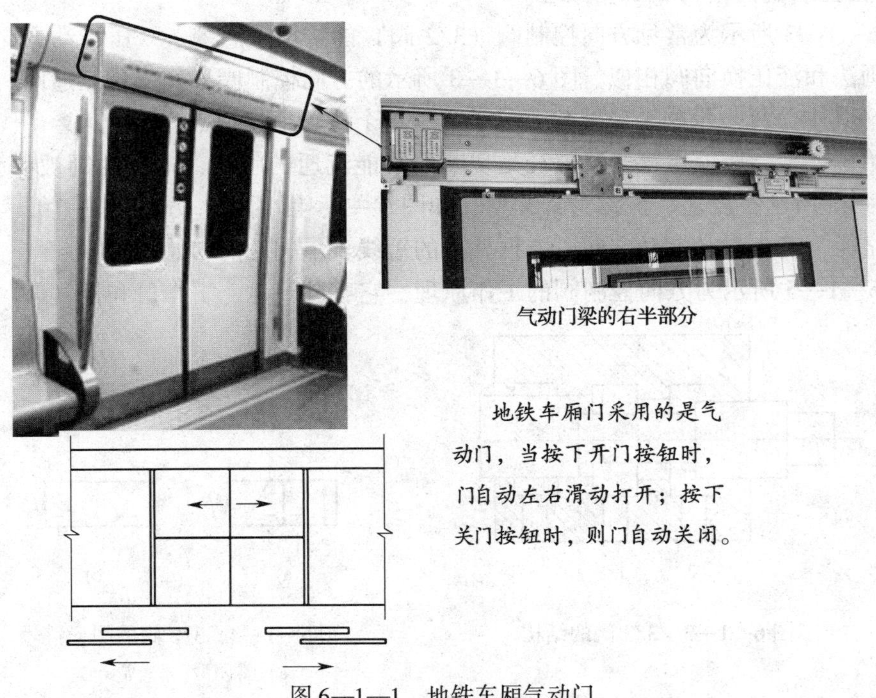

图6—1—1　地铁车厢气动门

闭是气缸通过变换运动方向实现的。气动门开、关门的速度要求不高。因此，气动门的气压传动系统的工作关键在于利用控制回路中气流运动方向的元件控制气缸的运动方向。

一、方向控制阀

在气压传动系统中，方向控制阀是用来控制压缩空气所流过的路径，控制气流的通、断或流动方向的气压传动元件，包括换向阀、单向阀、梭阀、双压阀、快速排气阀、截止阀等。它是气压传动系统中应用最多的控制元件。方向控制阀的控制方式有多种，常见方向控制阀如图 6—1—2 所示。

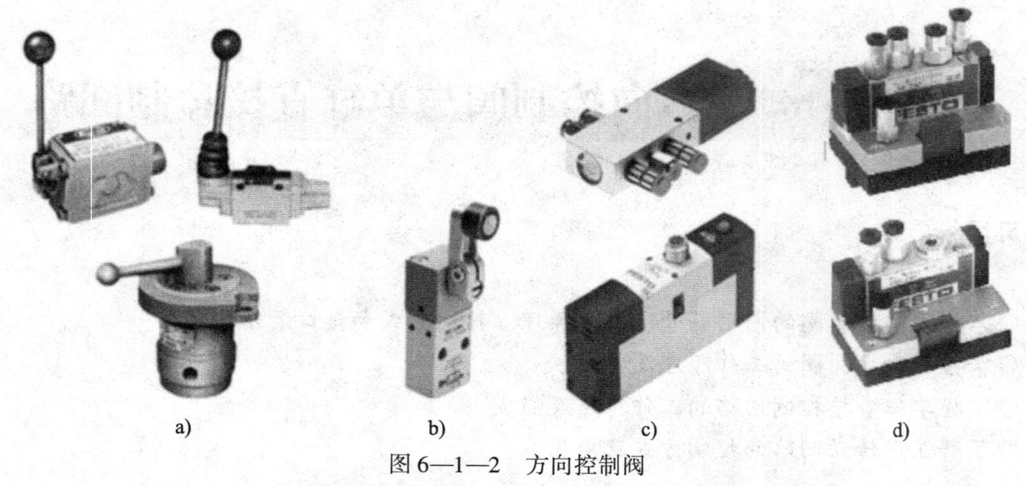

图 6—1—2　方向控制阀

a）手动控制　b）机械控制　c）电动控制　d）气动控制

1. 方向控制阀的结构和工作原理

如图 6—1—3 所示为常见方向控制阀（3/2 阀）的结构示意图。气压传动方向控制阀的图形符号画法和液压换向阀相似。图 6—1—3 所示的方向控制阀称作二位三通阀，也可以写成 3/2 阀（其中分母表示阀芯位置数，分子表示每个位置上接口数）。

在初始位置上，压缩空气气流路径是切断而不能流通的状态，这样的阀被称为常闭型，如图 6—1—4a 所示；反之，被称为常开型，如图 6—1—4b 所示，方框内的直线表示压缩空气的流动路径，箭头表示流动方向。方框外面的短线表示阀芯的初始位置。

如图 6—1—5 所示为方向控制阀的工作原理，它有进气口、工作口和排气口。初始状态

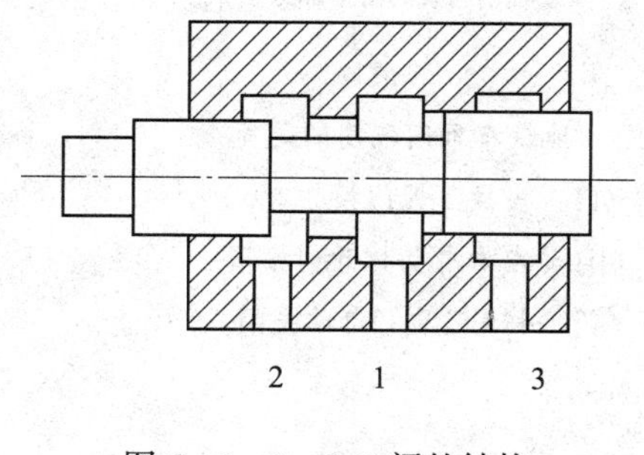

图 6—1—3　3/2 阀的结构

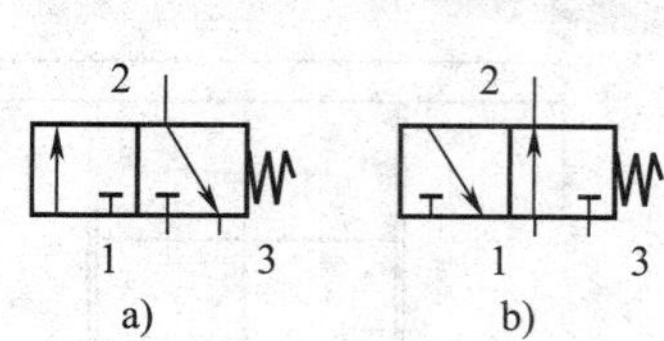

图 6—1—4　3/2 阀的图形符号

a）常闭型　b）常开型

如图 6—1—5a 所示，阀芯隔断进气口与工作口之间的通道，两口不相通。此时，工作口与排气口相通，压缩空气可以通过排气口排入大气中。当按下阀芯时，如图 6—1—5b 所示，进气口与工作口相通，压缩空气通过进气口进入，从工作口输出，而排气口关闭。

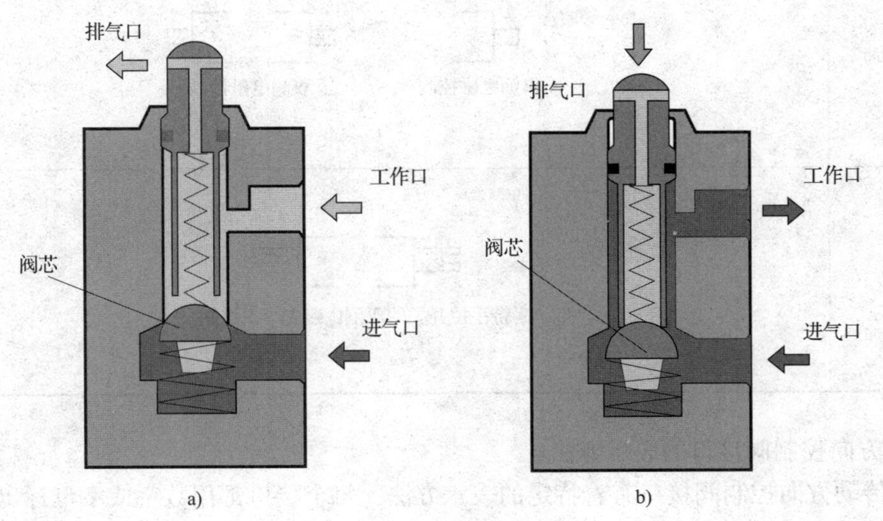

图 6—1—5　方向控制阀的工作原理

a）初始状态　b）工作状态

2. 方向控制阀的控制方式和接口表示方法

（1）方向控制阀的控制方式

当使用方向控制阀时，阀芯动作的控制方式和复位方式都是选择阀的重要依据之一。这两种控制方式的形式一般画在阀芯符号的两侧，有的阀还可能有附加操作方式。方向控制阀的控制方式见表 6—1—1。

表 6—1—1　方向控制阀的控制方式

控制方式	符号表示			
手动控制方式	手动操作一般符号	按钮式	顶杆式	手柄式
机械控制方式	滚轮式	惰轮式	弹簧控制	机械定位方式
气动控制方式	直接气压控制	先导式气压控制	泄压控制	

续表

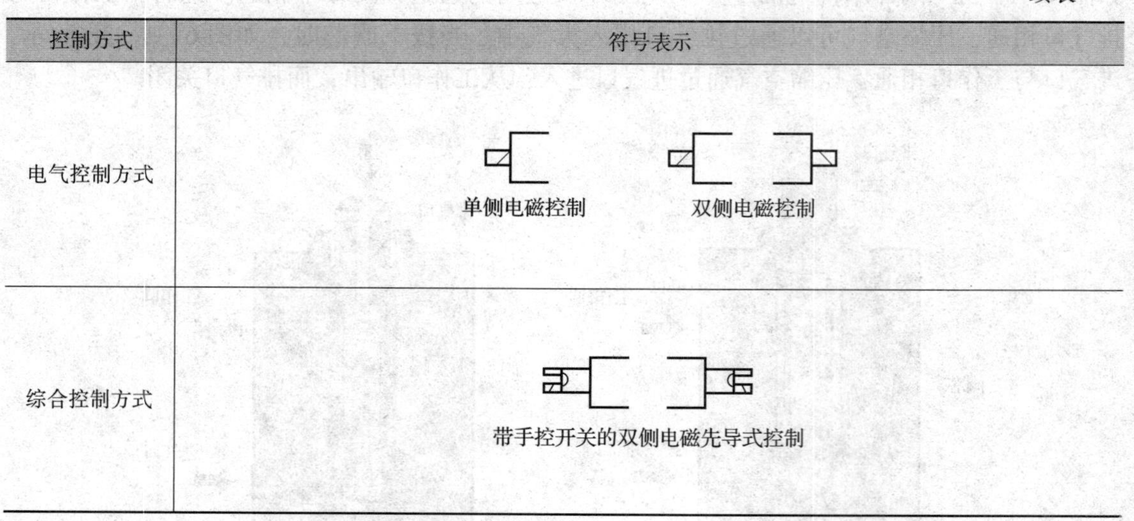

控制方式	符号表示
电气控制方式	单侧电磁控制　双侧电磁控制
综合控制方式	带手控开关的双侧电磁先导式控制

（2）方向控制阀接口的表示方法

气压传动方向控制阀接口有着特定的表示方法，每个接口都用数字或字母标出，并代表着不同的含义，具体见表 6—1—2。

表 6—1—2　　方向控制阀接口的表示方法

接口	字母表示方法	数字表示方法
压缩空气输入口	P	1
排气口	R、S	3、5
压缩空气输出口	A、B	2、4
使 1→2、1→4 导通的控制接口	Z、Y	12、14
使阀门关闭的接口	Z、Y	10
辅助控制管路	P_Z	81、91

方向控制阀的表示方法见表 6—1—3。在用字母符号表示时，一般用 Z 表示左边控制口，而 Y 表示右边控制口。在当前的实际应用中，以数字符号表示的方式居多。有了这些符号，在分析、连接系统回路时就较方便，不易出差错。

表 6—1—3　　方向控制阀的表示方法

名称	字母符号表示	数字符号表示
3/2 单气控阀	Z　A　P　R	12　2　1　3

续表

名称	字母符号表示	数字符号表示
5/2 双气控阀	A B Z Y R S P	2 4 12 14 3 5 1
3/2 电磁先导式控制阀	A Z P_z P R	2 10 81 1 3

二、气动换向阀的工作原理及特性

1. 气动换向阀的工作原理

气动换向阀是气压传动系统中应用非常广泛的方向控制阀，以压缩空气为动力推动阀芯，使气路换向或通断，有双气控和单气控两种。双气控阀阀芯的移动都是由压缩空气驱动的；而单气控阀阀芯一个方向的移动由压缩空气驱动，而另一个方向的移动通常由弹簧的弹力驱动。图 6—1—6 所示为单气控 3/2 换向阀的实物图和工作原理图。单气控 3/2 换向阀处于常态（即气控信号口 12 没有压缩空气进入）时，在弹簧的作用下阀芯处于右端位置，使阀口 2 与 3 相通，阀口 3 排气，而阀口 1 封闭；当有气控信号（即气控信号口 12 有压缩空气进入）时，在压缩空气的作用下，阀芯克服弹簧力左移，阀口 2 与 3 断开，阀口 1 与 2 接通，阀口 2 有压缩空气输出，如图 6—1—6b 所示。

气动换向阀由于结构简单、紧凑、密封可靠，多用于组成全气阀控制的气压传动系统或易燃、易爆以及高净化的场合。

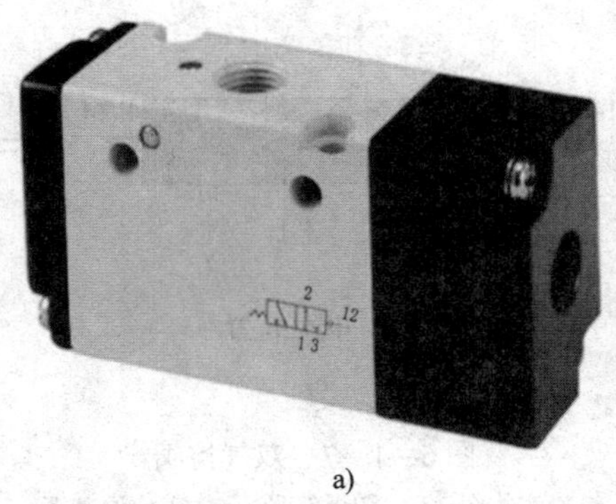

a)

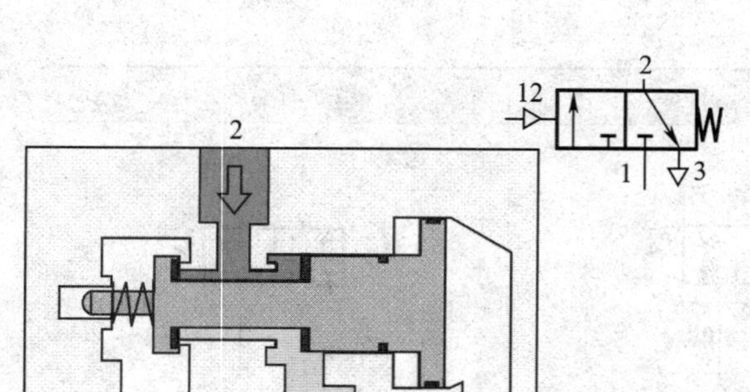

无气控信号　　有气控信号

b)

图 6—1—6　单气控 3/2 换向阀

a）实物图　b）工作原理图

2. 双气控阀的记忆特性

图 6—1—7 所示为双气控阀的实物图、图形符号和工作原理图。当控制阀口 12 有压缩空气输入时，阀口 1 与阀口 2、阀口 4 和阀口 5 分别连通，使得阀口 2、阀口 5 有压缩空气输出。然后，当控制阀口 12 的压缩空气断开时，双气控阀仍保持原有的连通状态，即阀口 2、阀口 5 仍然有压缩空气输出，这就使当前的位置被“记忆”下来。直到控制阀口 14 有压缩空气输入，阀芯的位置才发生变化，如图 6—1—7c 所示。这种虽然原控制信号断开，但是阀芯保持原有连通状态不变的特性称为方向控制阀的“记忆”特性。

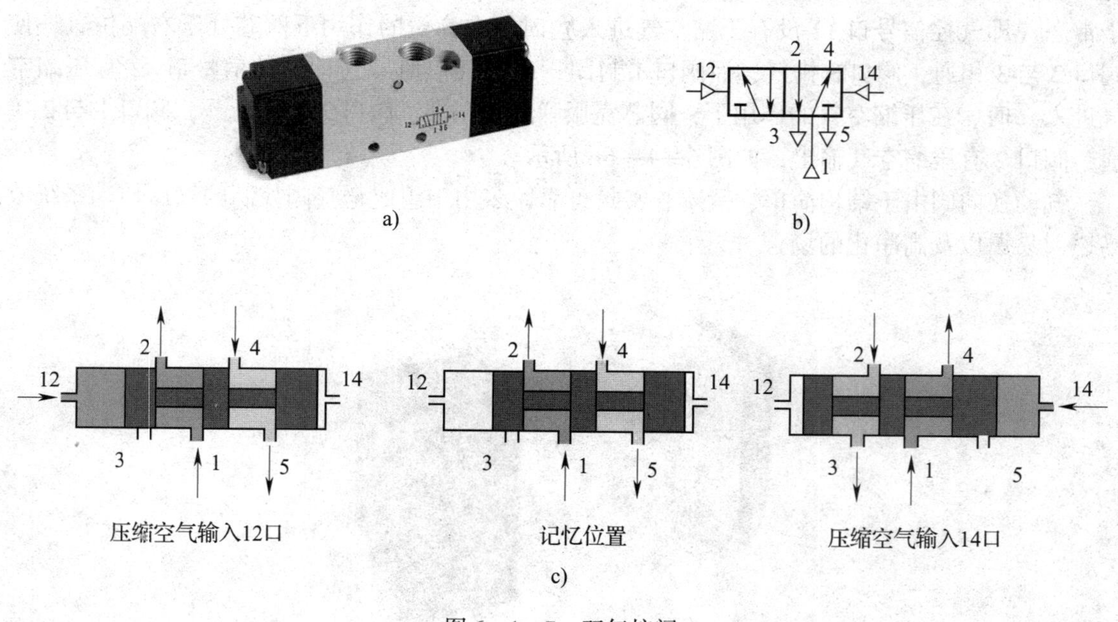

图 6—1—7　双气控阀

a）实物图　b）图形符号　c）工作原理图

三、气动门的气压传动控制回路分析

图 6—1—8 所示为气动门的气压传动控制回路。在此气动门的气压传动控制回路中，执行元件只有一个双作用气缸。回路中，方向控制阀 1.0 控制压缩空气进入和流出双作用气缸 A 的方向，从而实现气缸 A 的伸出和缩回。气动门的气压传动控制回路中只有一个气缸，是单缸控制回路，其核心控制元件是方向控制阀。

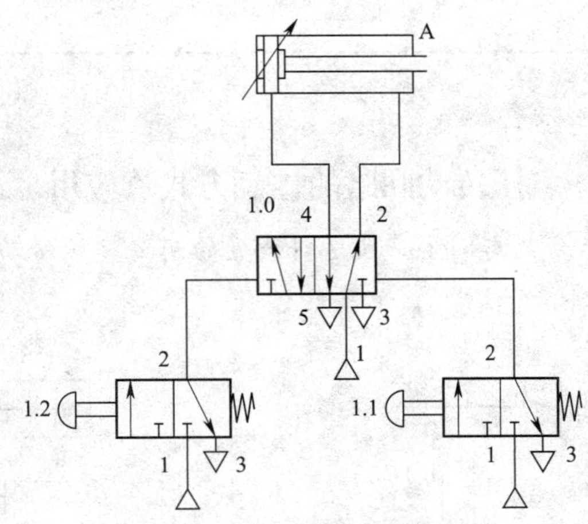

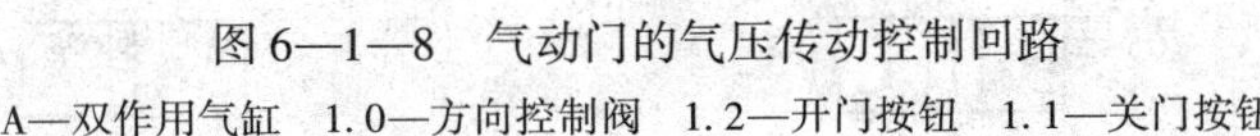
图 6—1—8　气动门的气压传动控制回路

A—双作用气缸　1. 0—方向控制阀　1. 2—开门按钮　1. 1—关门按钮

气动门的气压传动控制回路工作原理如下：

开门：如图 6—1—9a 所示，按下开门按钮 1. 2（3/2 阀）时，双气控 5/2 阀左侧气控口得到信号，双气控 5/2 阀左位接通，压缩空气经双气控 5/2 阀左位进入气缸左腔，活塞杆将伸出，开始打开门，松开启动按钮时，门仍然继续被打开。

关门：如图 6—1—9b 所示，当按下关门按钮 1. 1（3/2 阀）时，双气控 5/2 阀右侧气控口得到信号，双气控 5/2 阀右位接通，压缩空气经双气控 5/2 阀右位进入气缸右腔，气缸活塞杆回缩，门关闭。

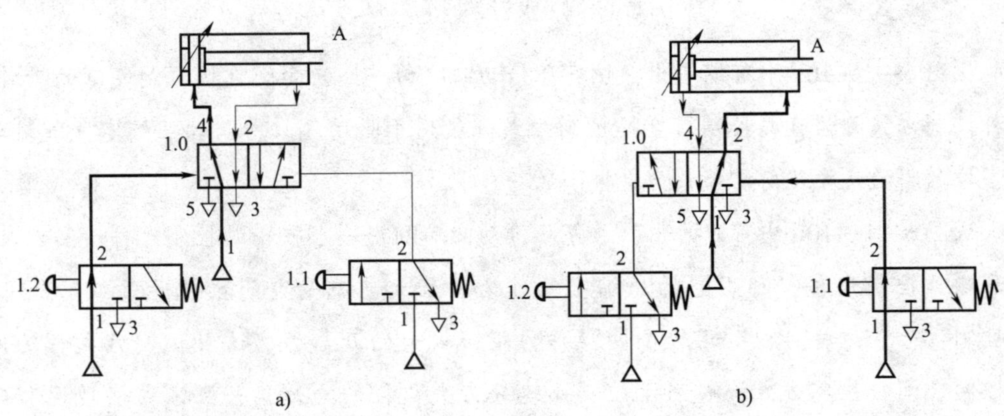

图 6—1—9　气动门控制回路

a）按下开门按钮　b）按下关门按钮

（粗线为进气线路）

如图6—1—8所示气动门的气压传动控制回路中，控制方向控制阀换位信号，是通过控制阀1.1和阀1.2的通断，间接控制阀1.0的左端和右端分别得到或失去信号，使方向控制阀做出相应的换向动作，改变进入气缸压缩空气的流向，最终实现气缸运动方向的改变。在气压传动系统里，这种控制方法称为气缸间接控制法。气缸间接控制法用一个较小的操作力可以得到较大的开启力，一般用于高速或大口径的控制气缸，也便于实现远程控制。

〔知识拓展〕

气压传动回路的控制方式及应用

如图6—1—10所示为某车间生产线送料装置的两个气压传动回路，它们都能够完成送料装置的工作要求。

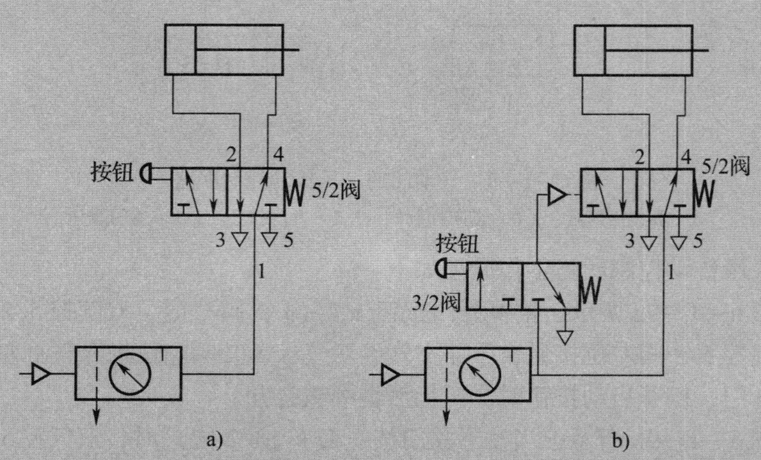

图6—1—10　不同控制方式的送料装置气压传动回路

a）直接控制方式　b）间接控制方式

从图6—1—10a中可以看出，该气压传动回路由一个换向阀直接控制气缸的动作，这种控制方式称为直接控制。直接控制方式一般用于驱动气缸所需的压缩空气气流较小、控制阀的尺寸及所需操作力也较小的场合。

从图6—1—10b中可以看出，该气压传动回路利用一个较小的控制元件（3/2阀）作为操作控制元件，利用它的压缩空气作为口径大、流量大的主控元件（5/2阀）的控制信号。这样可以利用较小的操作力获得较大的开启力。这种控制方式称为间接控制。间接控制方式一般用于控制高速或者大口径的气缸，并且容易实现远程控制。

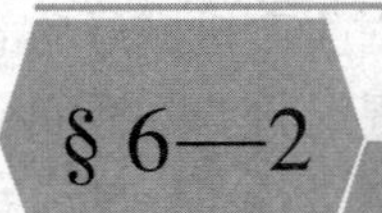

§6—2 行程开关、逻辑控制阀与单缸自动往复控制回路

学习目标

◎掌握行程开关、梭阀的图形符号、工作原理。
◎ 掌握自锁控制回路工作原理。
◎掌握切割机单缸自动往复控制回路的组成、工作特点。

如图6—2—1所示切割机是采用何种气压传动控制回路来实现连续切割动作的？

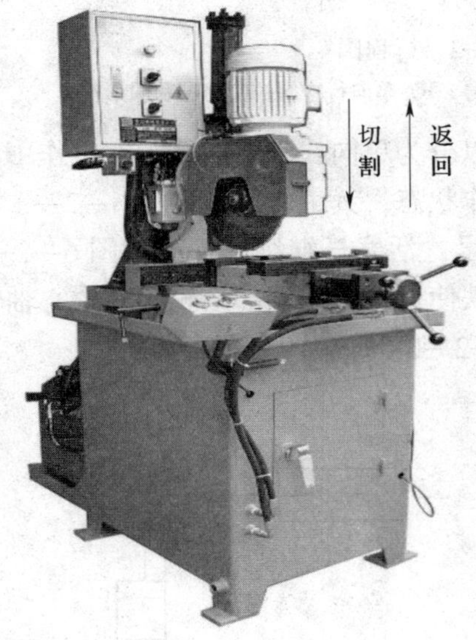

当按下启动按钮时，切割机的切割砂轮在气压传动系统的控制下向下运行，对夹持在工作台上的工件进行切割工作。

切割完成后，切割砂轮自动返回，并自动进行下一次切割。

按下停止按钮时，切割机停止切割动作。

图6—2—1　切割机

根据切割机的动作特点可知，切割机的气压传动控制回路要解决两个问题：

1. 按下启动按钮后，连接切割砂轮的执行元件——气缸要完成往复直线式运动，需要控制进入气缸的压缩空气能按照工进速度推动气缸前进，接着换向，在返回过程中快速返回。回路处于上述动作的自动循环状态。

2. 按下停止按钮，则控制阀能够使得气压传动回路断路，执行元件——气缸停止工作。

该气压传动回路的关键在于控制气缸的换向、动作自动循环和转换运动速度。

一、行程开关

行程开关（又称位置开关或限位开关）是一种将机械信号转换为气控信号，以控制运动部件位置或行程的自动控制器。它的作用与按钮相同，区别在于它不是靠手动操作，而是利用生产机械运动部件上的挡铁与位置开关碰撞，来接通或断开气路，以实现对生产机械运动部件的位置或行程的自动控制。如图 6—2—2 所示分别为常闭型行程阀、单向行程阀的实物图和图形符号。

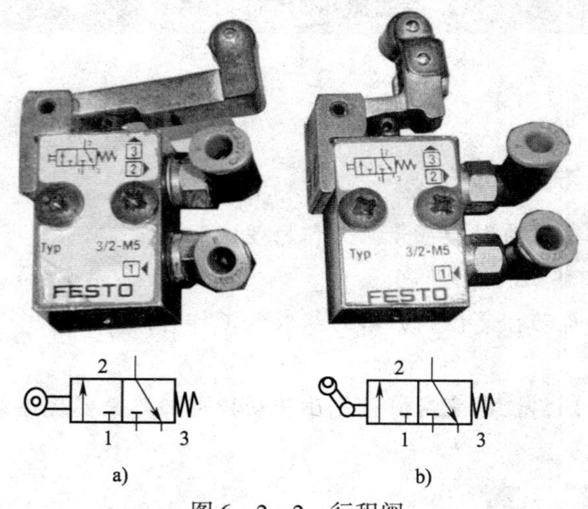

图 6—2—2 行程阀

a）常闭型行程阀的实物图和图形符号 b）单向行程阀的实物图和图形符号

按照行程阀的控制方式划分，行程阀可以分为单向式和双向式。在工作中，外力对单向式行程阀施压时，只有一个方向能改变其工作状态，其工作原理如图 6—2—3 所示。当活塞杆前进时，活塞杆挡铁压下行程阀，输出信号，活塞杆继续前伸，如图 6—2—3a 所示；而当活塞杆在返回中通过行程阀时，活塞杆挡铁使得行程阀端部滚轮绕其中心轴转动，此时行程阀没有动作，因此，不发出信号，如图 6—2—3b 所示。

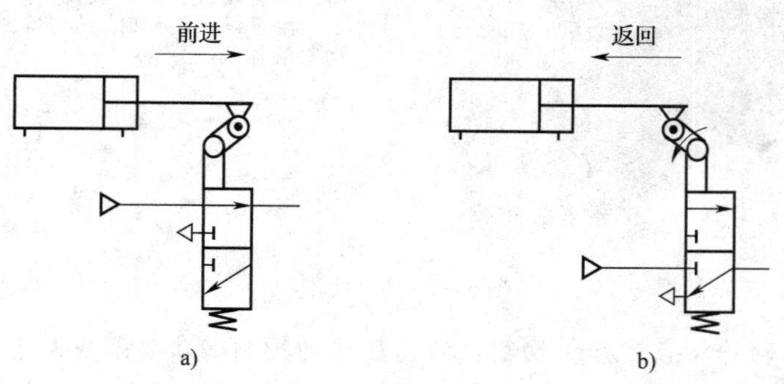

图 6—2—3 单向式行程阀工作原理

a）改变状态 b）不改变状态

在工作中，双向式行程阀活塞杆上的挡铁在伸出和返回过程中压下行程阀，都将改变行程阀的通断状态。在切割机气压传动回路中采用的是双向式行程阀。

二、逻辑控制元件

1．基本逻辑控制元件

逻辑判断的 4 个基本逻辑是“是”“非”“或”“与”。气压传动逻辑控制的基本元件是

具有上述 4 种逻辑功能的阀，它们的含义、典型阀、图形符号、表达式、逻辑符号和真值表见表 6—2—1。其中，前两种逻辑控制元件可以采用常闭型、常开型 3/2 换向阀，在前面的章节中已经学习过。本节重点介绍“或”门典型阀——梭阀，“与”门典型阀——双压阀将在后续章节中介绍。

表 6—2—1　　　　基本逻辑控制元件

类别	含义	典型阀	图形符号	表达式	逻辑符号	真值表
“是”门元件	只要有控制信号输入，就有压缩空气输出	常闭型 3/2 换向阀		Y = A		A Y 1 1 0 0
“非”门元件	当有控制信号输入时，没有压缩空气输出；当没有控制信号输入时，有压缩空气输出	常开型 3/2 换向阀		$Y=\overline{A}$		A Y 1 0 0 1
“或”门元件	两个控制信号中只要有任何一个输入，就有压缩空气输出	梭阀		Y = A + B		A B Y 0 0 0 0 1 1 1 0 1 1 1 1
“与”门元件	只有两个控制信号同时输入时，才有压缩空气输出	双压阀		Y = A · B		A B Y 0 0 0 0 1 0 1 0 0 1 1 1

2. 梭阀

梭阀（图 6—2—4）相当于两个单向阀组合的阀，属于气压传动逻辑控制元件。梭阀有两个输入口（又称进气口），一个输出口（又称工作口），如图 6—2—4b 所示。不管压缩空气从哪一个进气口进入，阀芯将封闭另一个进气口，使得工作口有压缩空气输出。如果两端进气口的压力不等，则高压口的通道打开，高压的进气口与工作口相连，工作口输出高压的压缩空气，低压口的通道则被封闭。如图 6—2—4c 所示为梭阀的工作原理图。

梭阀具有一定的逻辑功能，即任何一端有信号输入，就有信号输出，所以，也称为“或”阀，多用于一个执行元件或控制阀需要从两个或更多的位置来驱动的场合。

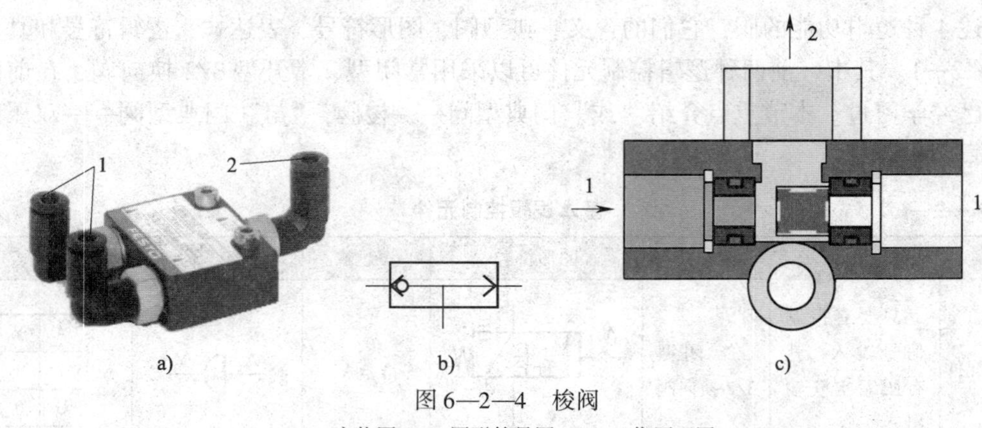

图 6—2—4　梭阀
a）实物图　b）图形符号图　c）工作原理图
1—输入口　2—输出口

三、自锁控制回路

切割机的控制要求有一项：按下启动按钮后，气缸保持工作，直到按下停止按钮才停止。这种控制方法也就是控制回路中一旦按下启动按钮后，控制口需要一直保持信号（即一直要有压缩空气输出）。此时，气压传动控制回路处于自锁状态。

图 6—2—5 所示回路图中的控制方法能够满足这种控制要求。用一个 3/2 常闭型阀 1. 2 作为启动按钮，用一个 3/2 常开型阀 1. 3 作为停止按钮。按下启动按钮 1. 2 后，压缩空气经梭阀 1. 4、停止阀 1. 3 的右位，使阀 1. 6 左位接通。阀 1. 6 工作口有压缩空气输出（即启动信号），如图 6—2—6a 所示。由于梭阀 1. 4 的一个进气口与阀 1. 6 工作口相连，当松开启动按钮后，梭阀的工作口仍有压缩空气输出，使阀 1. 6 保持左位接通，始终有压缩空气输出，如图 6—2—6b 所示。当按下停止按钮 1. 3 时，阀 1. 6 在弹簧力的作用下，右位接通，工作口没有信号输出。同时，梭阀的两进气口都没有压缩空气输入，工作口也没有压缩空气输出。所以，当松开停止按钮 1. 3 后，阀 1. 6 仍保持右位接通。

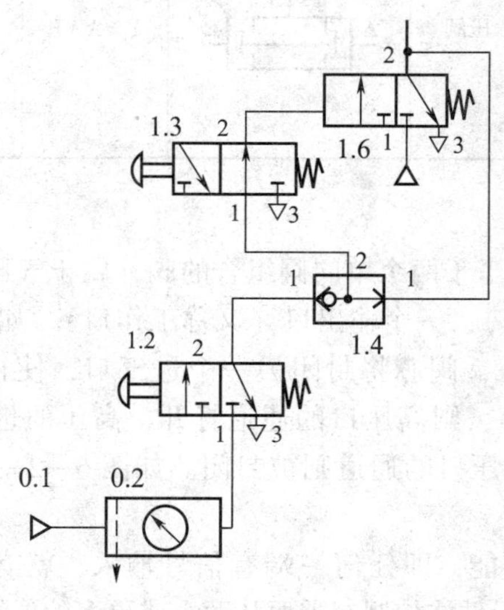

图 6—2—5　自锁控制回路

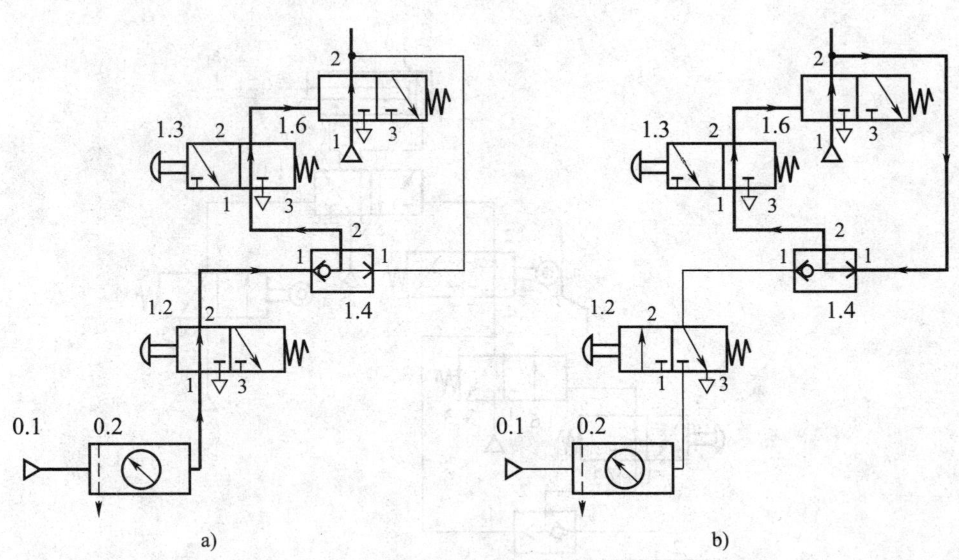

图 6—2—6 自锁控制回路气路走向

a）按下启动按钮 b）启动按钮复位后回路自锁

（粗线为进气线路）

如上所述，通过启动按钮（点动）启动后让控制元件持续输入的气压传动信号，能够使回路保持通路状态，称为自锁控制。在实际应用中，可以把它作为气压传动回路中起自锁作用的模块来使用。

四、切割机的气压传动控制回路分析

图 6—2—7 所示为切割机进行切割动作的气压传动控制回路。在此气压传动控制回路中，主控的方向控制阀 1.1 的控制信号由启动按钮 1.2、停止按钮 1.3 以及行程阀 a_1 和 a_0 来控制，操纵方向控制阀 1.1 的阀芯动作，从而变换进入气缸 1.0 的压缩空气的方向，使气缸完成往复运动，带动砂轮对工件进行循环切割工作。由于在整个气压传动系统中只有一个气缸，因此，这种实现气缸自动往复运动的气压传动回路称为单缸自动往复控制回路。

在活塞杆的初始位置，行程阀 a_0 在活塞杆上挡铁的作用下左位接入系统。当按下启动按钮 1.2 时，如图 6—2—8a 所示，压缩空气经行程阀 a_0 进入主控阀 1.1 的左端控制口，主控阀 1.1 左位接入系统，活塞杆在压缩空气的推动下前伸。当活塞杆前伸后，在弹簧力的作用下，行程阀 a_0 右位接入系统，主控阀 1.1 左端没有控制信号，由于主控阀 1.1 有“记忆”特性使得气缸活塞继续前伸，如图 6—2—8b 所示。

当活塞杆运行到行程阀 a_1 的位置时，活塞杆上的挡铁压下行程阀 a_1，压缩空气经 a_1 流入主控阀 1.1 的右端控制口，使主控阀 1.1 右位接入系统，活塞杆回缩。随着活塞杆的缩回，被压的行程阀复位，使主控阀 1.1 的右端控制信号消失。

当活塞运行至 a_0 的位置时，又使气缸前伸，一直这样循环下去进行切割运动。在整个运行过程中，停止按钮 1.3、阀 1.4、阀 1.6 组成自锁，以保持阀 1.4 出口一直有压缩空气输出。

当按下停止按钮 1.3 时，阀 1.4 出口处将无压缩空气输出，这时主控阀左端得不到控制信息，在气缸回复到原位时，运动停止。

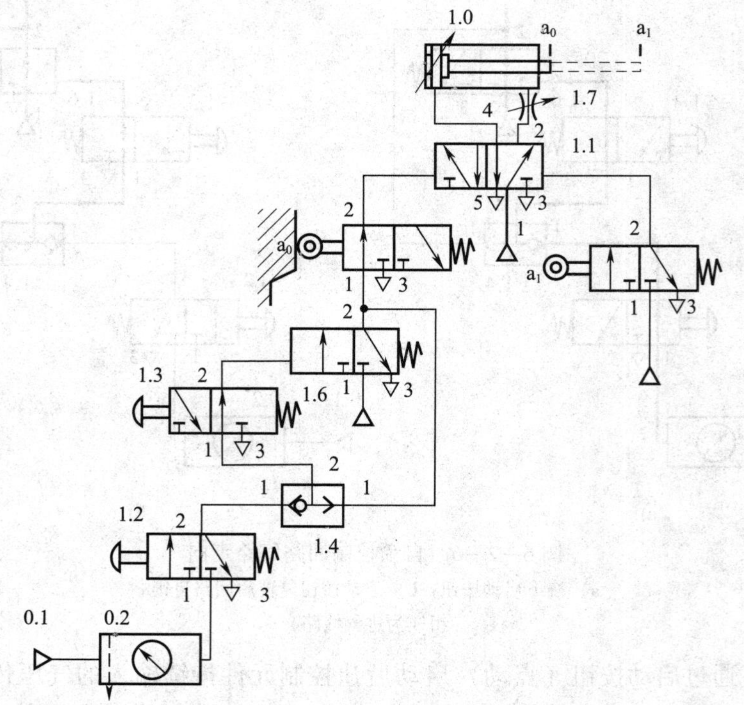

图 6—2—7　切割机的气压传动控制回路

0. 1—气源　0. 2—二联件　1. 0—双作用气缸　1. 1—方向控制阀

a_1、a_0—行程阀　1. 2—启动按钮　1. 3—停止按钮　1. 4—或阀

1. 6—单气控 3/2 阀　1. 7—节流阀

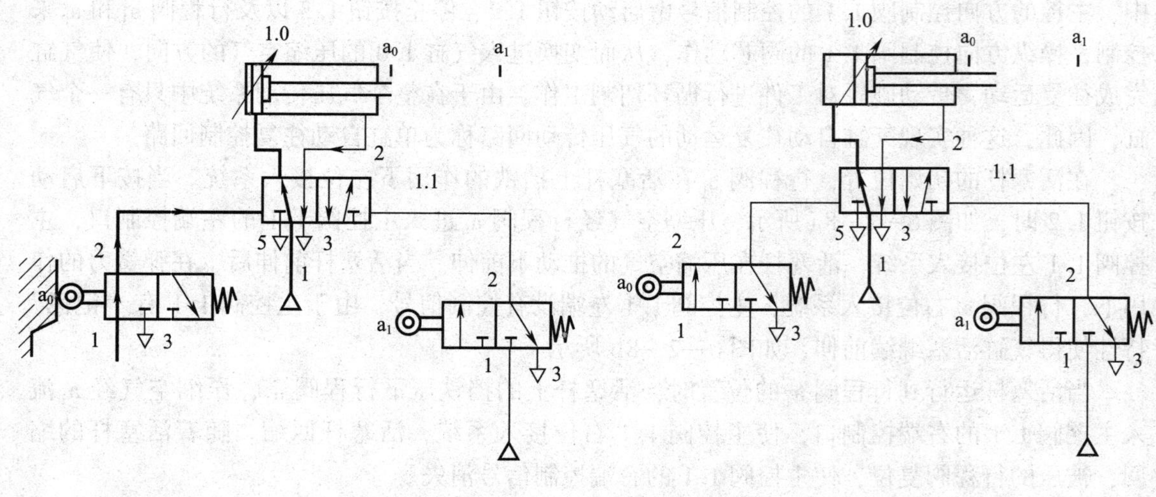

图 6—2—8　切割机回路运行图

a）按下启动按钮　b）方向控制阀的“记忆”特性保持通路

（粗线为进气线路）

第七章　气压传动控制元件与双缸控制回路

§7—1　双缸行程控制回路

学习目标

◎掌握多缸行程控制回路的表达方法。
◎掌握行程控制回路的分析。
◎了解障碍信号的消除方法。

如图 7—1—1 所示半自动钻床是采用何种气压传动回路实现夹紧和进给的呢？

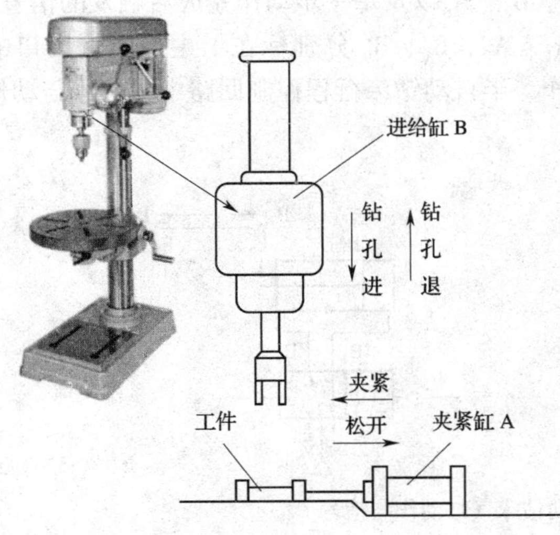

图 7—1—1　半自动钻床加工示意图

半自动钻床有两个气缸：一个是起夹紧工件作用的夹紧缸 A；另一个是用来驱动钻床主轴，使主轴产生轴向移动，产生钻削进给运动的进给缸 B。

该钻床要求：一旦按下启动按钮后，夹紧缸将一直处于工作状态，即夹紧工件；只有当进给缸 B 返回后，夹紧缸 A 才能松开，取出工件。

分析半自动钻床的每一个工作阶段，夹紧缸和进给缸需分别产生不同的动作。由于该回路有两个气缸在不同的工作阶段执行不同的动作，因此，其回路的控制关键是要能够在相应阶段对两个气缸的主控元件发出恰当的控制信号。首先，根据半自动钻床的动作，整理出该钻床气缸的工作过程，然后分析回路，找出行程控制信号和气缸动作的关系。

对于双气缸的行程控制，关键是要解决控制每一步动作的主控阀的主控信号，以及主控阀的主控信号的信号处理问题。为了能清楚地表示信号与动作的关系，通常采取以下方法来表达。

一、多缸行程控制回路的表达方法

在实际应用中常用文字符号来表示行程程序。在用文字符号表示的过程中，对气缸、主控阀、行程信号器（行程阀）等做出如下规定：

1. 执行元件的表示方法

用大写字母 A、B、C……表示执行元件，用下标“1”表示气缸活塞杆的伸出状态，用下标“0”表示气缸活塞杆的缩回状态。如 A_1 表示 A 缸活塞杆伸出，A_0 表示 A 缸活塞杆缩回。

2. 行程信号器（行程阀）的表示方法

用带下标的小写字母 a_1、a_0、b_1、b_0 等分别表示由 A_1、A_0、B_1、B_0 等动作触发的相对应的行程信号器（行程阀）及其输出的信号，如 a_1 是 A 缸活塞杆伸出到终端位置所触发的行程阀及其输出的信号。

3. 主控阀的表示方法

主控阀用 F 表示，其下标为其控制的气缸号，如 F_A 是控制 A 缸的主控阀。主控阀的输出信号与气缸的动作是一致的，如主控阀 F_A 的输出信号 A_1 有信号，即活塞杆伸出。

4. 动作和信号关系的表达方法

以半自动钻床的气压传动控制回路中 A 缸和 B 缸的动作和主控信号的表达方式为例，介绍动作和信号关系的表达，如图 7—1—2 所示。图 7—1—2 中用箭头表示了气缸每一步动作的方向，字母标出了每一步的动作 A_1、B_1、B_0、A_0 以及每一步动作完成后触发的信号 a_0、a_1、b_0、b_1，主控阀分别记为 F_A 和 F_B，用 A_1、A_0、B_1、B_0 分别标在了主控阀输出口的两侧，表示主控阀对应的输出信号所控制的动作。半自动钻床行程控制回路中的信号与动作的关系见表 7—1—1。

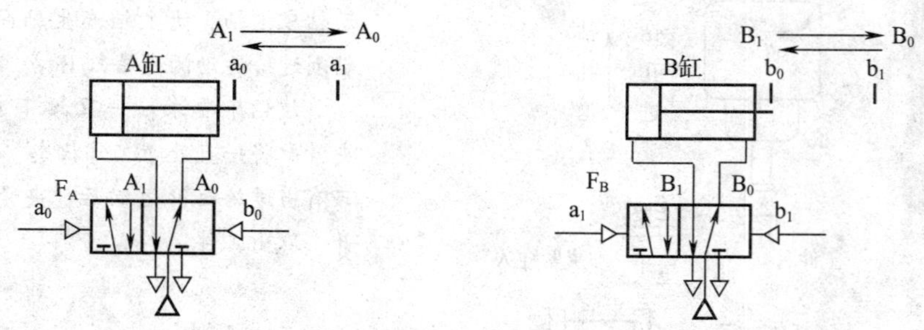

图 7—1—2　半自动钻床气缸动作与信号

表 7—1—1　半自动钻床行程控制回路中的信号与动作的关系

动作要求	A 缸伸出	B 缸伸出	B 缸缩回	A 缸缩回
执行元件动作的表示	A_1	B_1	B_0	A_0
行程信号的表示	a_1	b_1	b_0	a_0
主控阀输出信号的表示	A_1	B_1	B_0	A_0

半自动钻床行程控制回路中的信号与动作的关系除了用文字来表示外，也可用如图 7—1—3 所示的方式来表示。图 7—1—3 中的箭头提示顺序动作的方向，箭头上方的小写字母表示行程阀发出的控制信号，箭头指向的是行程阀发出的信号所控制的动作。如“$A_1 \xrightarrow{a_1}$”表示 A 缸伸出压下行程阀 a_1，行程阀 a_1 发出信号输送到控制下一步动作的主控阀的气控口；“$\xrightarrow{a_1} B_1$”表示行程阀 a_1 发出的信号控制 B 缸的伸出动作。

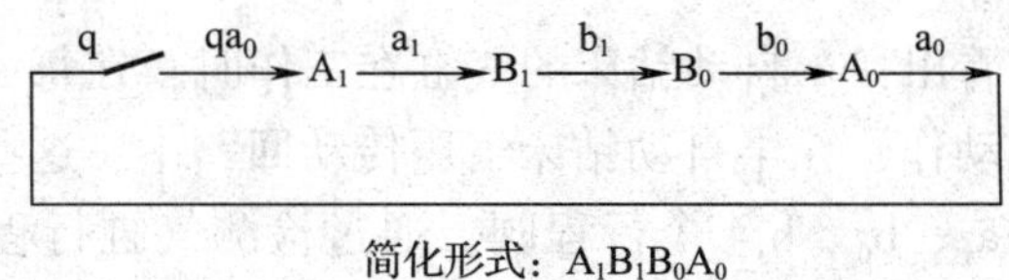

简化形式：$A_1B_1B_0A_0$

图 7—1—3　行程控制的表达方法

二、半自动钻床的行程控制回路工作原理

如图 7—1—4 所示为半自动钻床的行程控制气压传动回路。根据前面对半自动钻床任务的描述，该气压传动回路控制夹紧缸 A 和进给缸 B 的工作过程如图 7—1—5 所示。

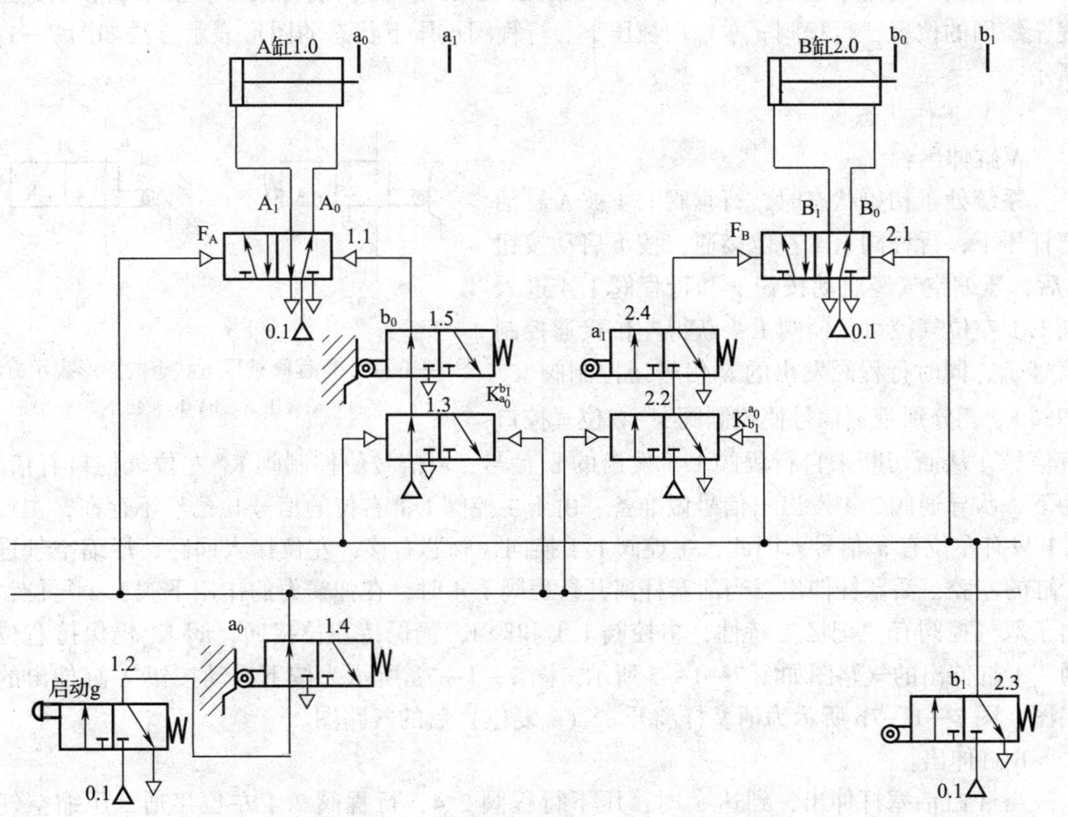

图 7—1—4　半自动钻床的行程控制气压传动回路

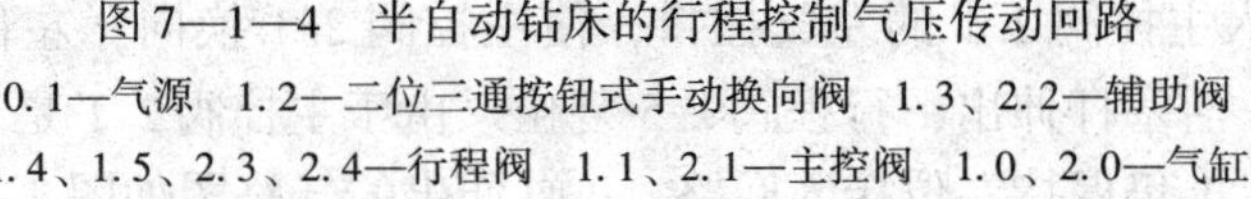
0.1—气源　1.2—二位三通按钮式手动换向阀　1.3、2.2—辅助阀
1.4、1.5、2.3、2.4—行程阀　1.1、2.1—主控阀　1.0、2.0—气缸

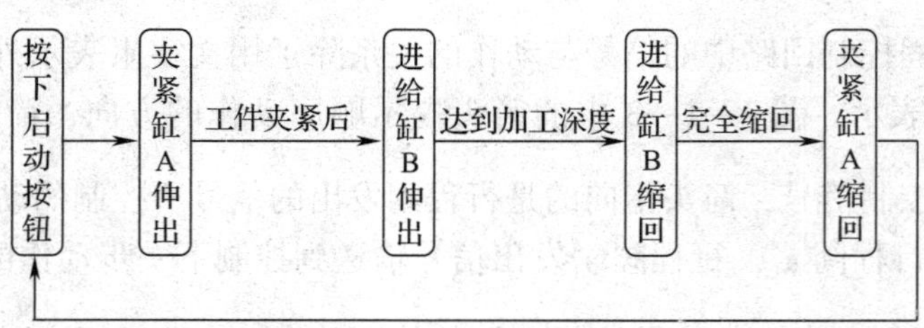

图 7—1—5　半自动钻床气缸工作过程

从图 7—1—5 中可以看出，半自动钻床的气缸在工作时，在每一个工作阶段，夹紧缸和进给缸需分别产生不同的动作，在半自动钻床气压传动回路中，这些动作的产生是由半自动钻床气压传动回路中 a_0、a_1、b_0、$b_1$4 个行程阀，通过检测气缸行程位置，来控制气缸产生相应的动作。这种利用行程阀控制两个或两个以上气缸动作的回路，称为行程控制多缸动作回路。

1. 回路分析

半自动钻床的行程控制回路（图 7—1—4）可以按照初始状态和工作状态来分析。

（1）初始状态

回路图中的两个主控阀 F_A、F_B 初始状态右位接入回路，使得两个气缸 1.0 和 2.0 处于完全缩回的位置，行程阀 a_0、b_0均被压下。行程阀被压下状态的图形表示方法如图 7—1—6 所示。

（2）工作状态

A 缸伸出：

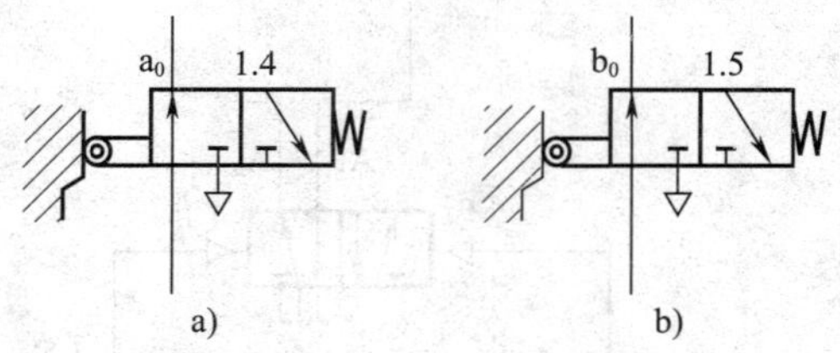

图 7—1—6　行程阀被压下状态的图形表示方法

a）a_0被压下　b）b_0被压下

系统处于初始状态时，行程阀 1. 4 被 A 缸活塞杆压下，行程阀 1. 4 左位接通，按下启动按钮 g 后，压缩空气经启动按钮 g 和行程阀 1. 4 进入阀 1. 1 左位气控口，使阀 1. 4 获得左位接通控制信号 a_0，同时行程阀发出的 a_0信号还控制阀 $K_{a_0}^{b_1}$ 和阀 $K_{b_1}^{a_0}$，分别是 a_0信号使控制阀 $K_{a_0}^{b_1}$右位气控口有信号，从而切断来自行程阀 1. 5 发出的 b_0信号；a_0信号使控制阀 $K_{b_1}^{a_0}$左位气控口有信号，为下一步导通阀 2. 4 发出 a_1信号做准备。由于主控阀 1. 1 右位的信号 b_0已经不存在，主控阀 1. 1 只有左位有 a_0信号，因此，主控阀 1. 1 换向，阀芯右移，左位接入回路，压缩空气进入 A 缸的左腔，活塞杆伸出。当活塞杆离开行程阀 1. 4 时，在弹簧力的作用下阀 1. 4 复位，又由于双气控阀有“记忆”特性，主控阀 1. 1 和阀 $K_{b_1}^{a_0}$仍保持左位接通，阀 $K_{a_0}^{b_1}$仍保持右位接通。A 缸伸出的气路图如图 7—1—7 所示。图 7—1—7a 所示为按下启动按钮 A 缸伸出的气路图，图 7—1—7b 所示为活塞杆离开 a_0（a_0复位）后的气路图。

B 缸伸出：

当 A 缸活塞杆伸出，到达 a_1时，压下行程阀 2. 4，行程阀 2. 4 左位接通，压缩空气经 $K_{b_1}^{a_0}$与行程阀 2. 4 进入主控阀 2. 1 的左气控口，使主控阀 2. 1 换向，左位接入回路，压缩空气进入 B 缸的左腔，活塞杆伸出，行程阀 1. 5 复位。由于主控阀 2. 1 是双气控阀，具有“记忆”特性，主控阀 2. 1 仍保持左位接入回路。B 缸伸出的气路图如图 7—1—8 所示。

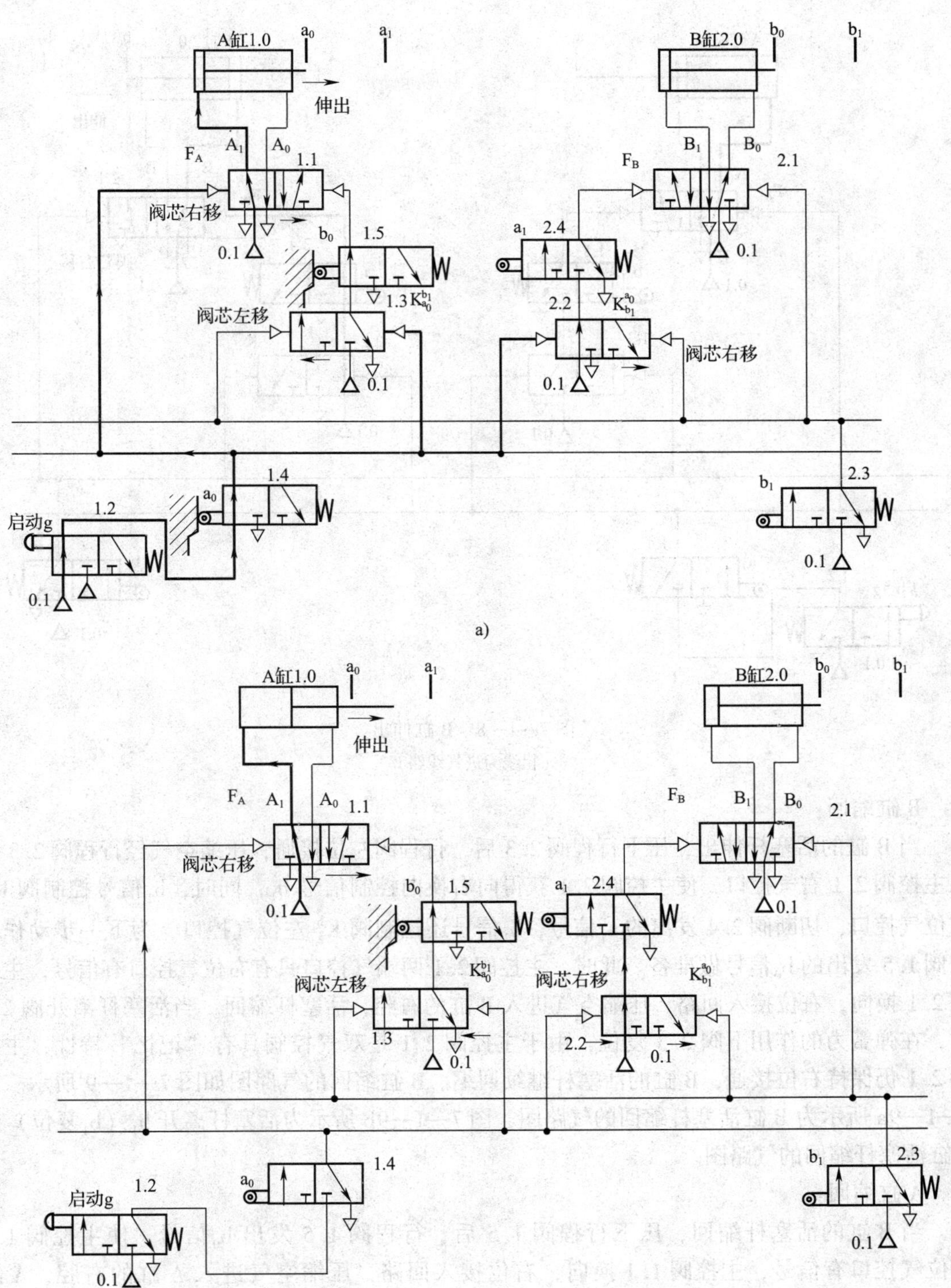

图 7—1—7　A 缸伸出

a）按下启动按钮　b）活塞杆离开 a_0（a_0复位）

（粗线为进气线路）

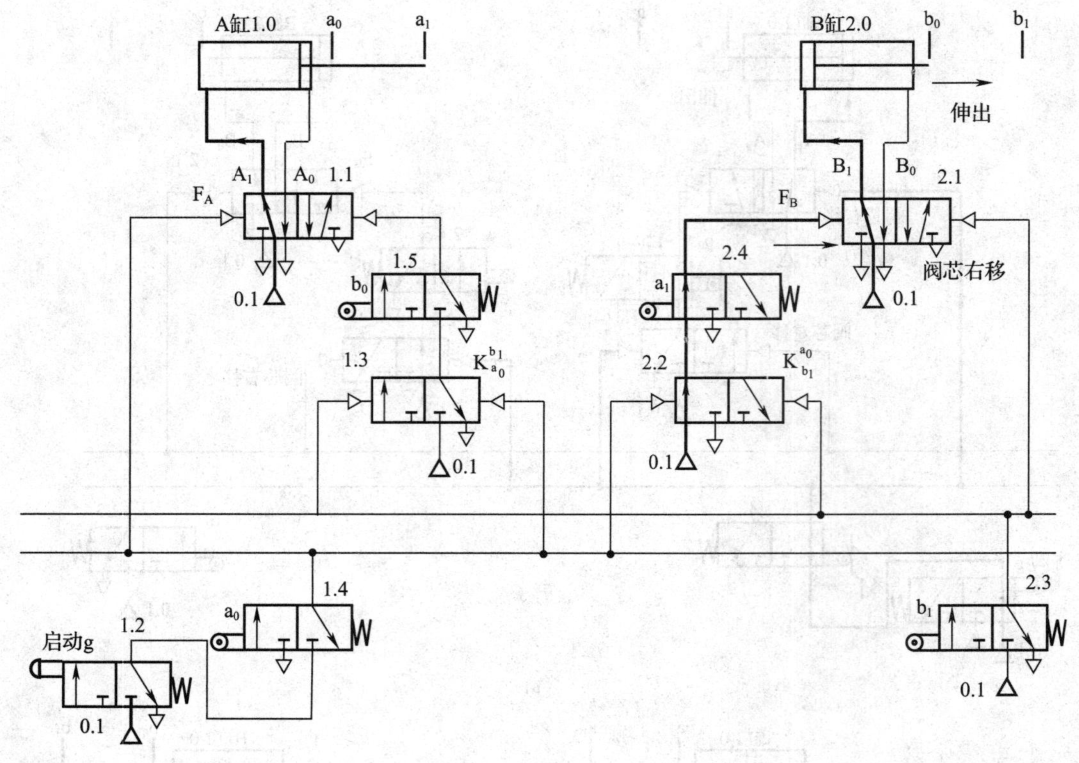

图 7—1—8　B 缸伸出

（粗线为进气线路）

B 缸缩回：

当 B 缸的活塞杆伸出，压下行程阀 2. 3 后，行程阀左位接通，压缩空气经行程阀 2. 3 进入主控阀 2. 1 右气控口，使主控阀 2. 1 获得向右换向控制信号 b_1，同时，b_1 信号控制阀 $K_{b_1}^{a_0}$ 右位气控口，切断阀 2. 4 发出的 a_1 信号，b_1 信号还控制阀 $K_{a_0}^{b_1}$ 左位气控口，为下一步动作导通阀 1. 5 发出的 b_0 信号做准备。此时，主控阀 2. 1 两端气控口只有右位气控口有信号，主控阀 2. 1 换向，右位接入回路，压缩空气进入 B 缸的右腔，活塞杆缩回。当活塞杆离开阀 2. 3 时，在弹簧力的作用下阀 2. 3 复位，由于主控阀 2. 1 是双气控阀具有“记忆”特性，主控阀 2. 1 仍保持右位接通，B 缸的活塞杆继续回缩。B 缸缩回的气路图如图 7—1—9 所示。图 7—1—9a 所示为 B 缸活塞杆缩回的气路图，图 7—1—9b 所示为活塞杆离开 b_1（b_1复位）后 B 缸活塞杆缩回的气路图。

A 缸缩回：

当 B 缸的活塞杆缩回，压下行程阀 1. 5 后，行程阀 1. 5 发出 b_0 信号，使主控阀 1. 1 右位气控口有信号，主控阀 1. 1 换向，右位接入回路，压缩空气进入 A 缸的右腔，A 缸活塞杆缩回。A 缸缩回的气路图如图 7—1—10 所示。若再按下启动按钮，开始新一轮循环。

2. 说明

（1）采用两个 K 阀进行消障处理

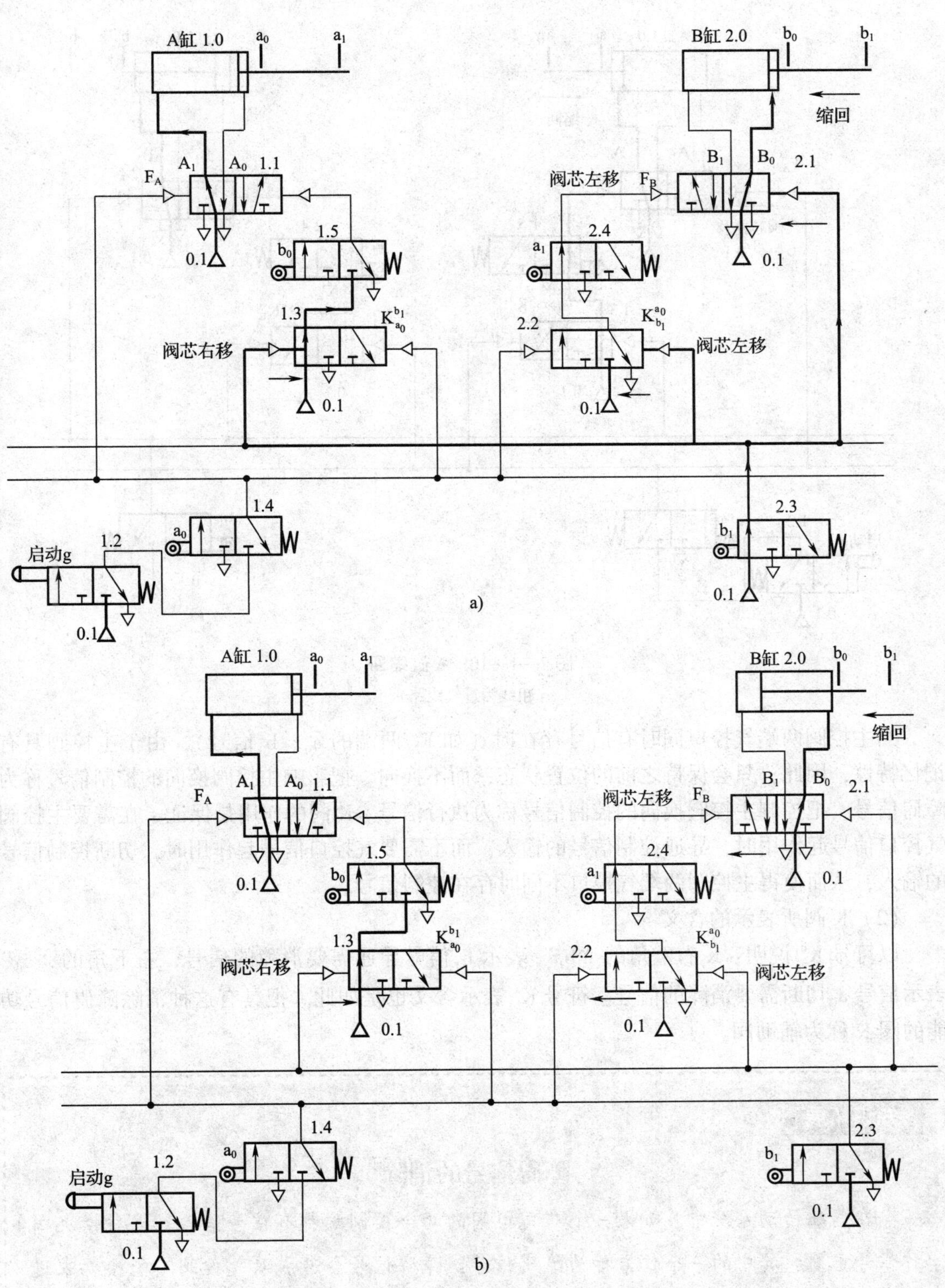

图 7—1—9　B 缸缩回

a）活塞杆缩回　b）活塞杆离开 b_1（b_1复位）

（粗线为进气线路）

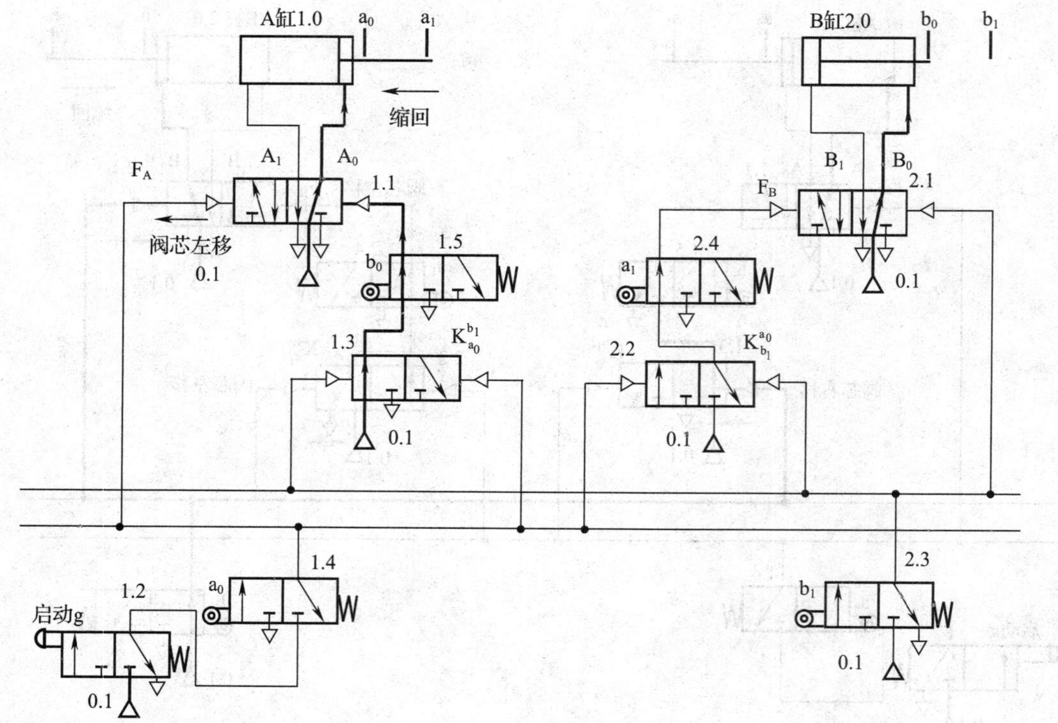

图 7—1—10　A 缸缩回

（粗线为进气线路）

当主控阀两端气控口同时有信号存在时（如 F_A 两端的 a_0、b_0 信号），由于主控阀具有记忆特性，因此，只会保持之前的位置状态，而不换向。把影响主控阀换向的控制信号称为障碍信号，把控制主控阀换向的控制信号称为执行信号。K 阀的作用是保证了在需要主控阀气控口信号起作用时，导通控制信号的输入；而不需要气控口信号起作用时，切断控制信号的输入，从而使得主控阀两端气控口不同时存在控制信号。

（2）K 阀所表示的含义

以符号 $K_{a_0}^{b_1}$说明：K 右上角的“b_1”表示 b_1 信号导通需要消障的信号，右下角的“a_0”表示信号 a_0 切断需要消障的信号。符号 $K_{b_1}^{a_0}$表示含义也是如此。把具有这种消除障碍信号功能的阀 K 称为辅助阀。

〔知识拓展〕

障碍信号的消除

在气压传动系统中，如果一个双气控阀的两个控制端都有信号输入，这种情况叫作信号重叠，其中的一个信号称为障碍信号，障碍信号会造成双气控阀不能按要求进行换位。因此，必须采用适当的方法将障碍信号消除。

一、换向阀消障

为了避免信号重叠，通常采用换向阀消除障碍信号作为基本方法，通过将换向阀和行程阀串联，把长信号变成短信号，以达到消除障碍信号的目的。

消障方法：将有障碍的原始信号“m”与另一个合适的控制信号“x”串联，得出一个消除障碍的新信号“m^*”。把消除障碍得到的信号称为执行信号。根据消障信号的选取可分为直接消障法和间接消障法。

1. 直接消障法

直接消障法就是控制信号 x 利用系统中现有的原始信号或主控阀的输出信号，来进行消障，它的控制回路如图 7—1—11 所示。如图 7—1—11a 所示压下行程阀 m，阀左位接入，回路导通，得到消障后的信号 m^*；如图 7—1—11b 所示，x 输入信号，同时压下 m，使得两阀左位接入，回路导通，得到消障后的信号 m^*。

2. 间接消障法

间接消障法就是在系统中没有能直接作为消障信号 x 的原始信号，故必须在系统中另加一个辅助阀 K 以得到消障信号 x。这个辅助阀 K 一般为具有记忆功能的双气控换向阀，它的消障回路图如图 7—1—12 所示。

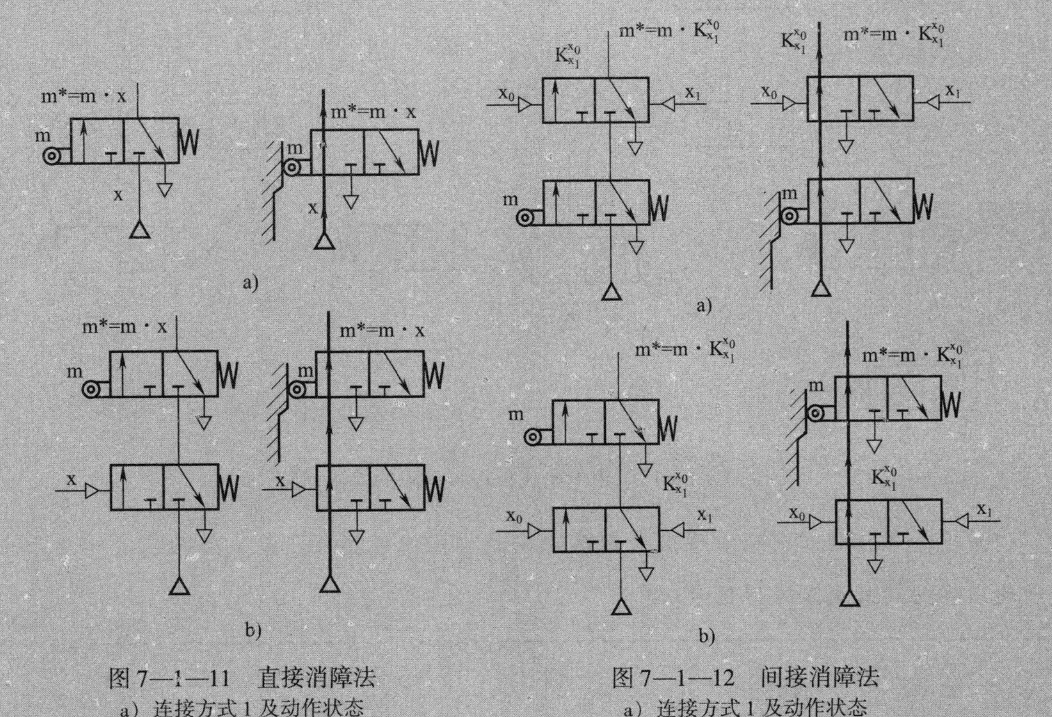

图 7—1—11　直接消障法
a）连接方式 1 及动作状态
b）连接方式 2 及动作状态

图 7—1—12　间接消障法
a）连接方式 1 及动作状态
b）连接方式 2 及动作状态

图 7—1—12 中 $K_{x_1}^{x_0}$ 信号表示双气控阀的输出信号，x_1、x_0 分别为辅助阀 K 的两个控制信号，当 x_0 有气时，辅助阀 K 有输出，和 m 串联，得到执行信号 m^*；同理，x_1 有气时，辅助阀 K 无输出，和 m 串联，用来消除 m 的障碍信号。

二、单向式滚轮杆行程阀消障

消除障碍信号的方法除了换向阀消障外，还可采用单向式滚轮杆行程阀进行消障。它的消障方法是使控制信号变为一个短暂的脉冲信号。

利用单向式滚轮杆行程阀的工作原理，使原本是障碍的信号只发出一个短信号，从而对另一信号不造成干扰。但是这里要注意的是，单向式行程阀在活塞杆伸出时，必须安装在未到达终端的一小段距离的位置上；在活塞杆缩回时，必须安装在活塞杆未到达始端的一小段距离的位置上，使得行程阀只发出一个短暂的脉冲信号，以便活塞杆压下行程阀以后还能通过。此时，虽然信号已经不存在，但由于主控阀有记忆特性，这个位置的状态仍被保持，所以，用单向式行程阀也起到了消除障碍信号的目的。如图 7—1—13 所示为用单向式行程阀消障的控制回路。

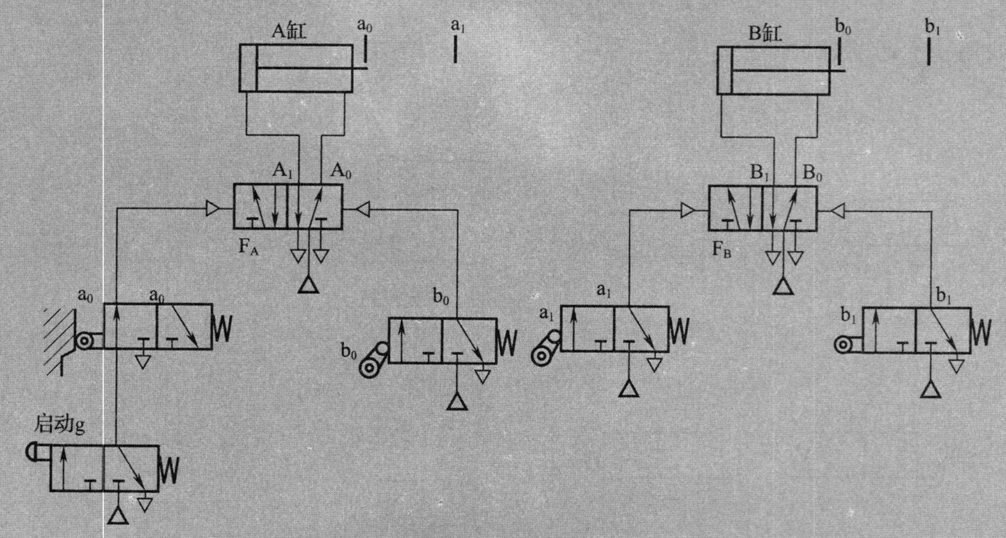

图 7—1—13　用单向式行程阀消障的控制回路

用单向式行程阀消除障碍信号回路比较简单，但可靠性较差，因而在实际应用中一般用换向阀来消除障碍信号。

§7—2 压力、流量控制阀与双缸压力控制回路

学习目标

◎掌握压力控制阀的图形符号、工作原理及应用。
◎掌握流量控制阀的图形符号、工作原理及应用。
◎掌握打标机气压传动回路的工作原理。

由于打标机（图7—2—1）控制两个气缸的动作与半自动钻床相同，因此，可以分析出打标机的气缸的动作顺序与半自动钻床一致，工作中气缸的每一个工步动作的触发都由相应的行程阀来控制，每一步动作完成以后都触发相应的行程阀，发出信号控制下一工步的动作。但是，不同之处在于以下方面：

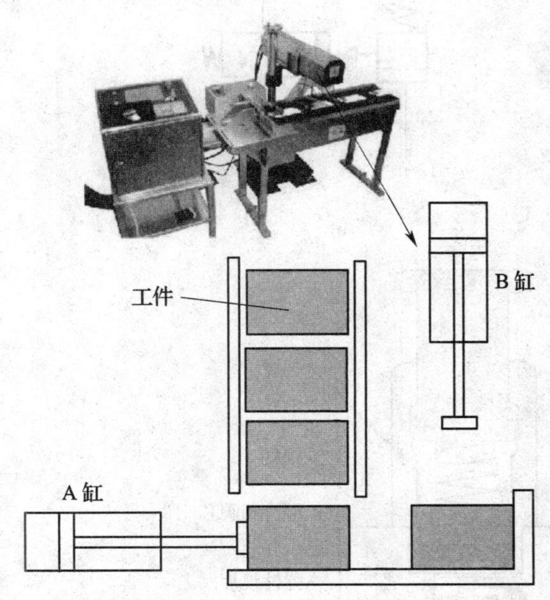

夹紧缸A将落下的工件推向定位块并夹紧。打标缸B压下并在工件上打印标志，然后快速退回。

在打印过程中，夹紧缸A始终夹紧工件，直到打标缸B将标志压印完毕并快速退回后，夹紧缸A才松开工件，能够取出工件。

图7—2—1　打标机工作示意图

1. 压力要求，即对打印标志时打标缸B有一定的打印压力要求；在打标缸B缩回前，要求夹紧缸A要保持压力夹紧工件。

2. 快速运动要求，即打标完毕后，打标缸B必须快速缩回；夹紧缸A在打标缸B缩回后也要快速缩回。

在气压传动系统中，起到压力控制、调节及提高气缸运动速度的主要控制元件是哪些？

它们具有什么样的结构和工作原理？打标机的气压传动控制回路是如何工作的？

一、压力控制阀

在气压传动控制系统中，控制压缩空气的压力以控制执行元件的输出力或控制执行元件实现顺序动作的阀被称为压力控制阀，包括压力顺序阀、调压阀、安全阀及多功能组合阀等。

1．压力顺序阀

要使两个气缸顺序动作实现压力控制和调节，回路中应采用压力顺序阀。

（1）结构与工作原理

不同控制类型的元件可以组合成一个具有多重特性、多重结构的组合式阀门。压力顺序阀由一个顺序阀和一个 3/2 单气控换向阀组合而成。图 7—2—2a、图 7—2—2b 所示为可调压力顺序阀的实物图和图形符号，其工作原理图如图 7—2—2c 所示。

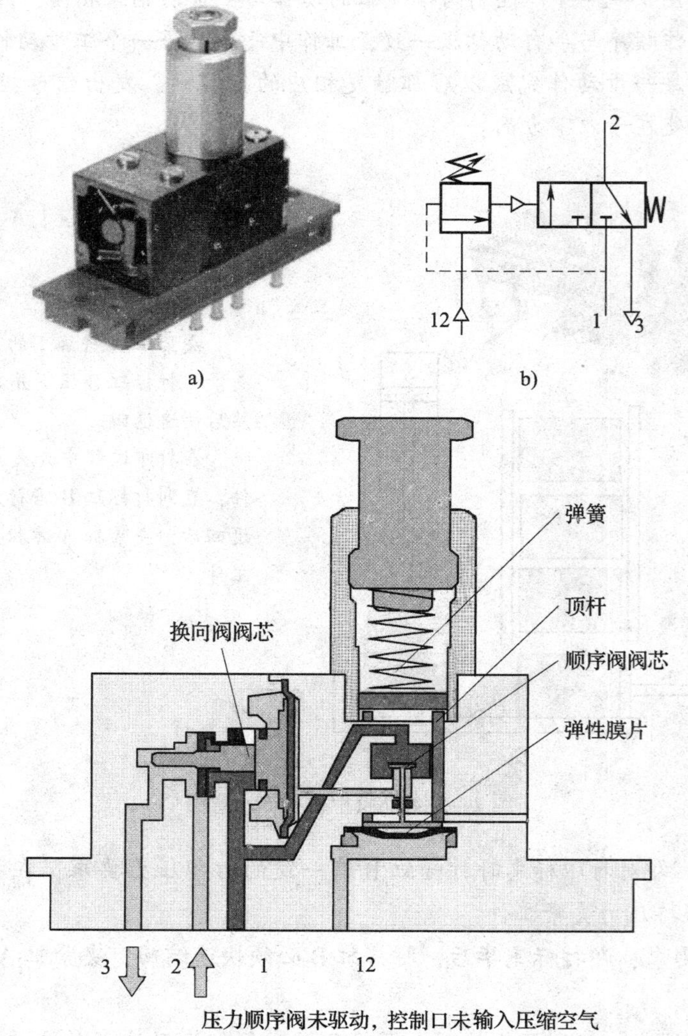

压力顺序阀未驱动，控制口未输入压缩空气

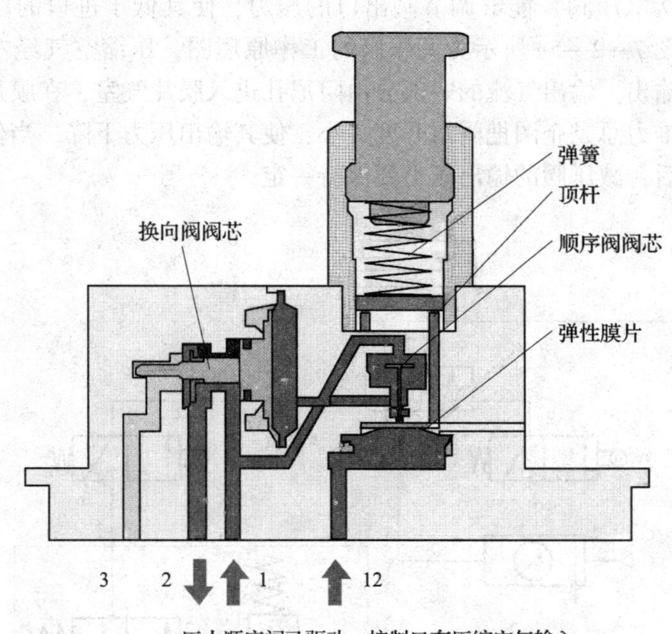

图 7—2—2　可调压力顺序阀

a）实物图　b）图形符号　c）工作原理图

当压力顺序阀未被驱动时，3/2 阀的气控口 12 没有压缩空气输入，进气口 1 进入的压缩空气作用在顺序阀阀芯上，使顺序阀阀芯位于最下端位置，同时，进气口的压力还作用在换向阀阀芯上，使换向阀阀芯位于最右端位置，工作气口 2 进入的压缩空气向排气口 3 排气。当压力顺序阀被驱动时，3/2 阀的气控口 12 输入的压缩空气通过弹性膜片作用在顺序阀阀芯上，通过顶杆作用，克服弹簧力，推动顺序阀阀芯上移，使得从 1 口进入的压缩空气作用在换向阀阀芯上，换向阀阀芯左移，1 口至 2 口导通，2 口有压缩空气输出。压力顺序阀可以通过调节手轮来调节弹簧力，从而设定压力顺序阀的调定压力值。这种压力顺序阀动作可靠，而且工作口输出的压缩空气没有压力损失。

（2）回路应用

以图 7—2—3 所示回路为例，只有当行程阀发出 a_1 信号时，气缸活塞杆才开始前伸。到达预定的位置（图中记为 b_1）后，气缸左腔压力上升，当连接到压力顺序阀气控口 12 的压力达到顺序阀的压力调定值后，顺序阀有压缩空气输出，与 b_1 位置的行程阀串联，使主控阀右位气控口有信号，活塞杆返回。动作顺序如图 7—2—4 所示。

2. 调压阀（图 7—2—5）

在气压传动系统中，空气经过空气压缩机的过滤、压缩，储存在储气罐内，然后通过管路输送给各个气压传动装置使用。储气罐的空气压力比系统中各个使用设备实际所需要的压力高，同时其压力波动值也较大。因此，需要将压缩空气的压力减小到各个设备所需的大小，并使减压后的压力稳定在所需压力值上。在气压传动系统中，调节系统气压一般采用调压阀。

调压阀（又称为减压阀）能够调节阀出口的压力，使其低于进口的压力，并能保持出口压力的稳定。如图 7—2—5c 所示为调压阀的工作原理图，压缩空气经左端输入，经阀口节流减压后从右端输出。输出气流的一部分由阻尼孔进入膜片气室，在膜片的下方产生一个向上的推力，这个推力总是企图把阀口开度关小，使其输出压力下降。当作用于膜片上的推力与弹簧力相平衡后，减压阀的输出压力便保持一定。

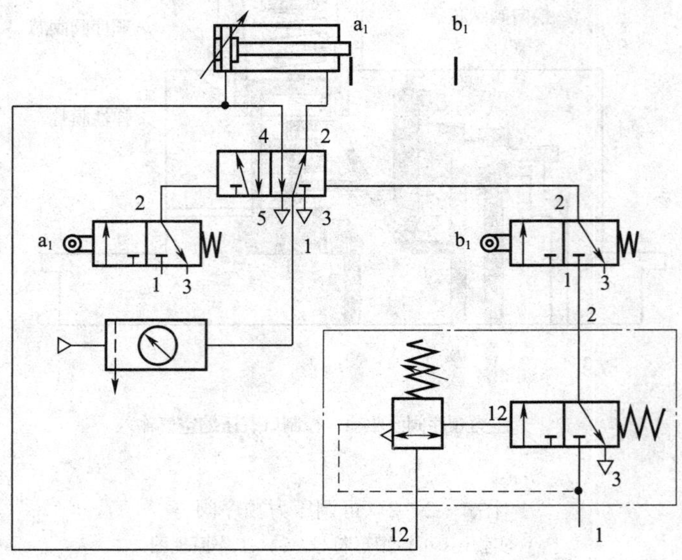

图 7—2—3　压力顺序阀的应用回路

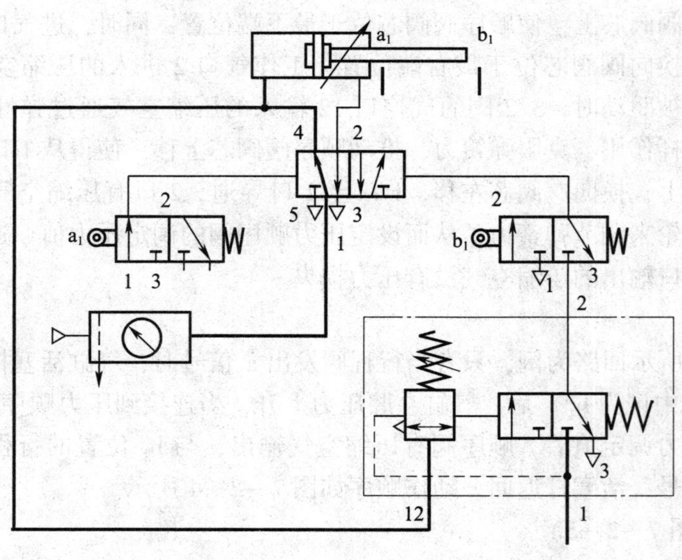

a)

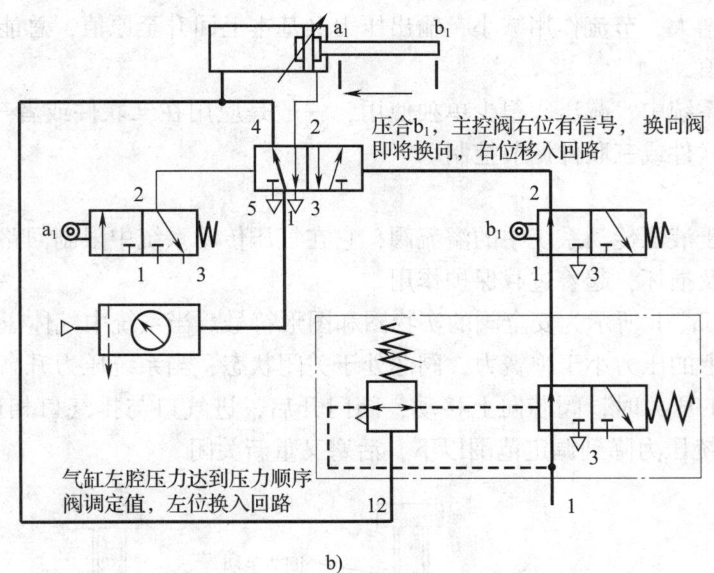

图 7—2—4　压力顺序阀的动作顺序

a）阀 a_1 发出信号，活塞杆伸出　b）压下阀 b_1，压力顺序阀即将动作（粗线为进气线路）

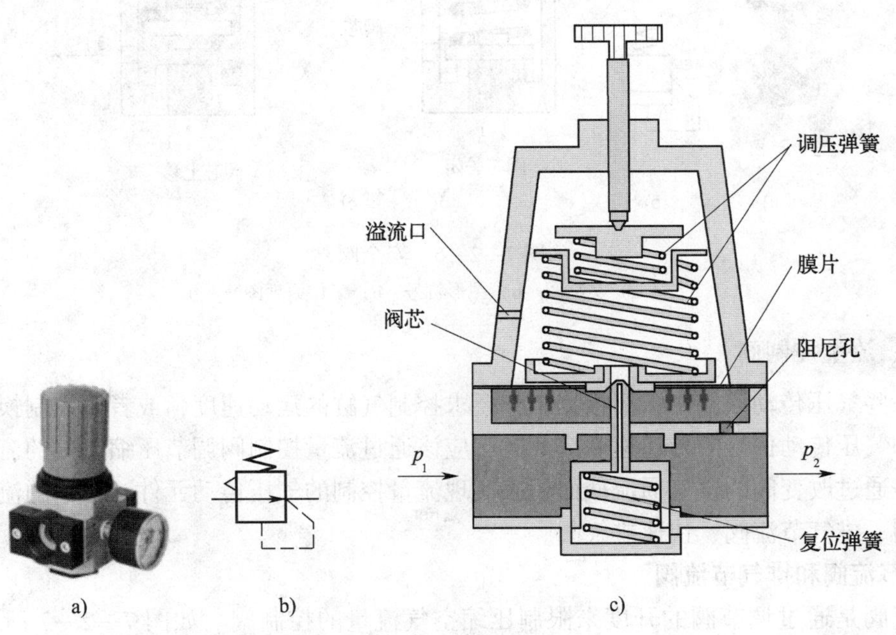

图 7—2—5　调压阀

a）实物图　b）图形符号　c）工作原理图

当输入压力发生波动时，如输入压力瞬时升高，输出压力也随之升高，作用于膜片上的气体推力也随之增大，破坏了原来的力的平衡，使膜片向上移动，有少量气体经溢流口排出。在膜片上移的同时，因复位弹簧的作用，使节流口减小，输出压力下降，直到新的平衡为止。重新平衡后的输出压力又基本上恢复至原值。反之，输出压力瞬时下降，膜片下移，进气节流口开度增大，节流作用减小，输出压力又基本上回升至原值，总能使输出的压力保持一个基本稳定值。

在气压传动系统中，减压阀很少单独使用，一般是应用在二联件或者三联件中。因而，系统的压力由二联件或三联件调节控制。

3. 安全阀

安全阀相当于液压传动系统中的溢流阀，它在气压传动系统中限制回路的最高压力，以防止管路等破裂及损坏，起着过载保护作用。

如图 7—2—6a、b 所示为安全阀的实物图和图形符号。当系统中气体压力在调定范围内时，作用在阀芯上的压力小于弹簧力，阀芯处于关闭状态；当系统压力升高，作用在阀芯上的压力大于弹簧的压力时，阀芯向上移动，阀门开启，进气口与排气口相通，如图 7—2—6c 所示。直到系统压力降到调定范围以下，活塞又重新关闭。

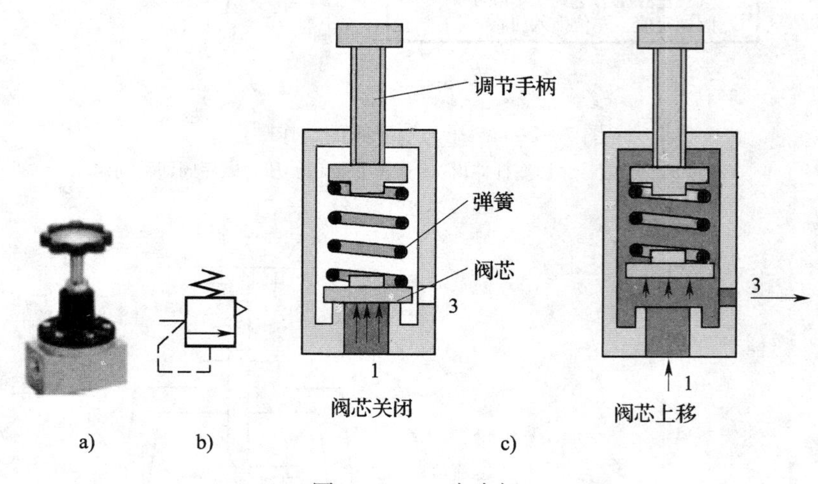

图 7—2—6　安全阀

a）实物图　b）图形符号　c）工作原理图

二、流量控制阀

在一些气压传动回路中，要根据工作要求控制气缸的运动速度，或者要控制换向阀的切换时间和气压传动信号的传递速度。此时，应该通过流量控制阀调节压缩空气的流量。流量控制阀是通过改变阀的空气通流截面积来实现流量控制的气压传动元件。常用的流量控制阀有节流阀、排气节流阀、快速排气阀。

1. 节流阀和排气节流阀

节流阀是通过调节阀的开度来限制压缩空气流量的控制阀。如图 7—2—7 所示为节流阀的实物图、图形符号和工作原理图。由于节流阀的结构简单、体积小，因此，应用较广泛。

排气节流阀是一种带有消声器件的流量控制阀。如图 7—2—8 所示为排气节流阀的实物图、图形符号和工作原理图。它的工作原理和节流阀相似。它通常装在执行元件的排气口处，用于调节排入大气的气体流量。它在调节执行元件的运动速度的同时，还能够降低排气噪声。

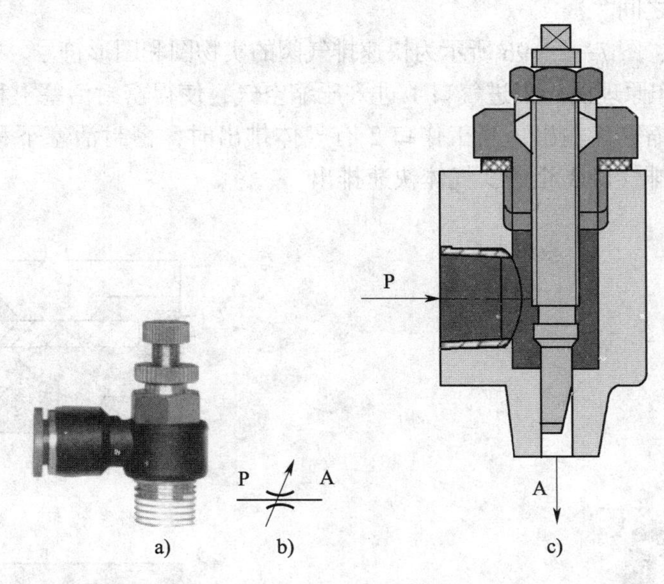

图 7—2—7　节流阀

a）实物图　b）图形符号　c）工作原理图

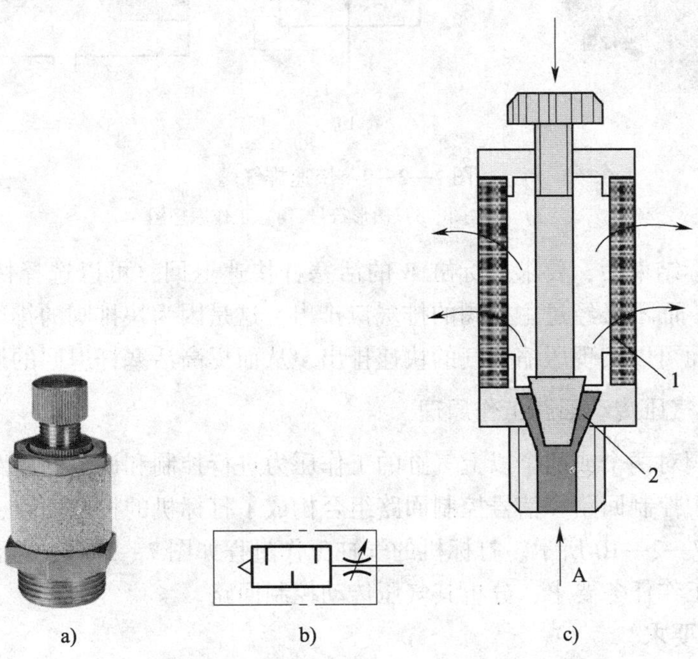

图 7—2—8　排气节流阀

a）实物图　b）图形符号　c）工作原理图

1—消声套　2—节流口

2．快速排气阀

快速排气阀（简称快排阀）是当输入口气压下降时，排出口能自动打开，使气体排往大气的阀。它可以使气缸快速排气，从而加快气缸的运动速度。它属于流量控制阀，一般安装在换向阀和气缸之间。

如图 7—2—9a、图 7—2—9b 所示为快速排气阀的实物图和图形符号。如图 7—2—9c 所示为快速排气阀的工作原理图。当进气口 1 进入压缩空气，使得密封活塞上移，封住排气口 3，而使工作口 2 有压缩空气输出；当工作口 2 有气体排出时，密封活塞下移，封住进气口 1，而使得工作口 2 与排气口 3 相连，气体快速排出。

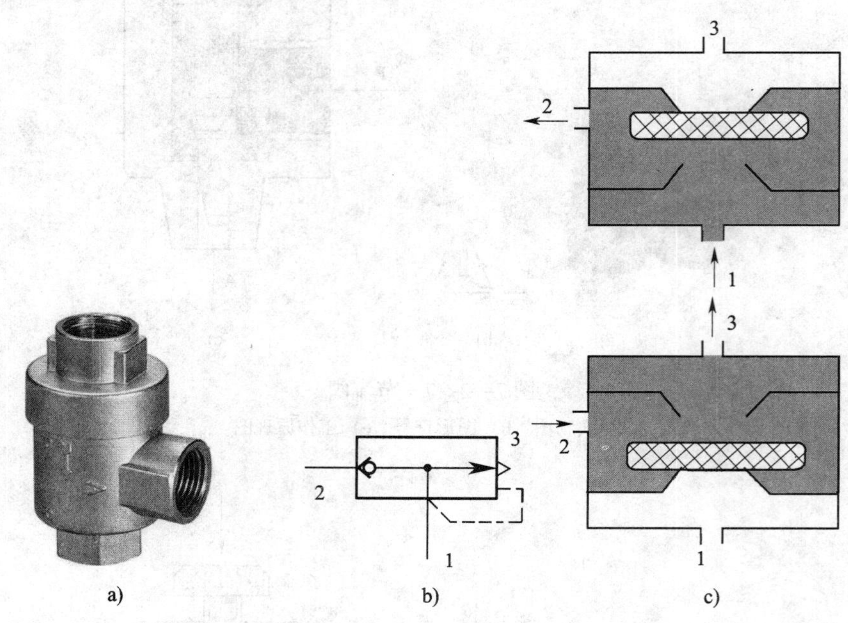

图 7—2—9　快速排气阀

a）实物图　b）图形符号　c）工作原理图

当打标机打标结束后，要求打标缸 B 的活塞杆快速退回，可以选择快速排气阀来加快压缩空气的排出，而不必经过主控阀的排气口排出。这是因为快排阀的排气口比主控阀的排气口大很多，因而可以实现压缩空气的快速排出，从而提高活塞杆退回的运动速度。

三、打标机气压传动回路工作原理

用压力控制阀对两个或两个以上气缸的工作压力进行控制和调节的回路，称为压力控制多缸动作回路。主控制回路和信号控制回路组合构成了打标机的控制回路，并对各个元件进行了编号，如图 7—2—10 所示。打标机的气缸工作过程如图 7—2—11 所示。

根据打标机工作任务要求，分析其气压传动控制回路。

1. 实现压力要求

当 B 缸活塞杆压合行程阀 2. 5，行程阀发出 b_1 信号。打标缸进气口压力达到压力顺序阀 2. 3 的压力调定值时，压力顺序阀动作，使压力顺序阀出气口 2 有压缩空气输出，与行程阀 2. 5 串联，共同作用在主控阀 2. 1 右位气控口，使主控阀 2. 1 右位接入回路。通过单向节流阀的单向阀，进入气缸 B 的右腔，使得气缸 B 回缩，如图 7—2—12 所示。

2. 实现快速运动要求

打标缸完成打标任务以后，气缸 B 的活塞杆要求快速退回，在 B 缸的排气回路中采用快速排气阀，使得压缩空气通过快速排气阀迅速向大气排出，而不必经过换向阀的排气口向大气排出。而且由于快速排气阀的工作原理，使得单位时间内排出的压缩空气量比从换向阀排出的压缩空气量要多得多，从而实现了气缸活塞杆快速运动的要求，如图 7—2—13 所示。

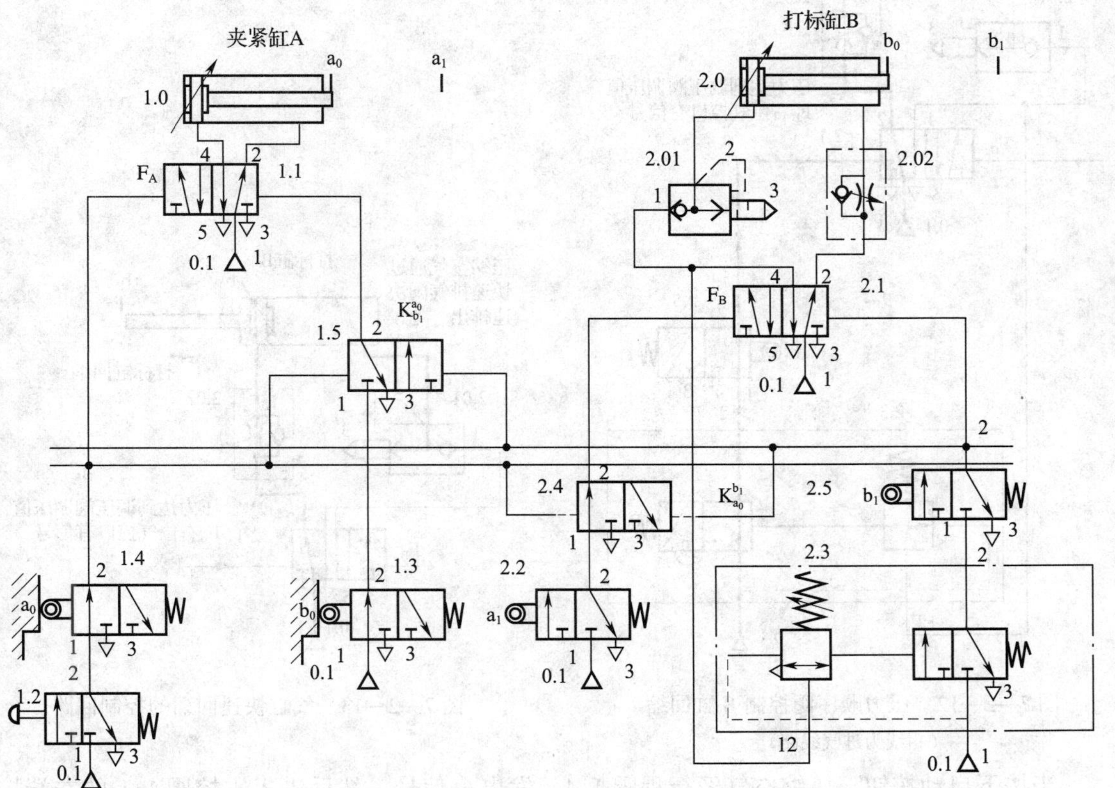

图 7—2—10　打标机压力控制回路

0.1—气源　1.0、2.0—气缸　1.1、2.1—主控阀　1.2—二位三通按钮式手动换向阀　1.3、1.4、2.2、2.5—行程阀　1.5、2.4—辅助阀　2.3—压力顺序阀

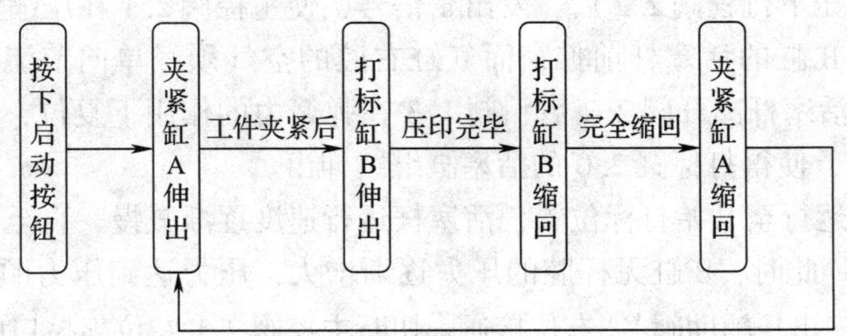

图 7—2—11　打标机的气缸工作过程

3. 主控制回路工作原理

打标机的双缸动作要求与半自动钻床一致。分析回路图 7—2—10 可以看出，在初始位置，压缩空气进入气缸的右腔，使活塞杆缩回，行程阀 1.4、1.3 左位接通。

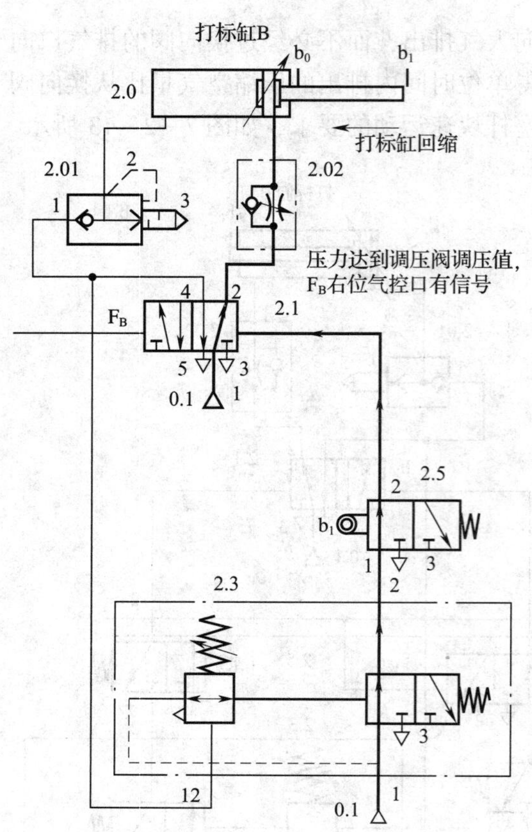

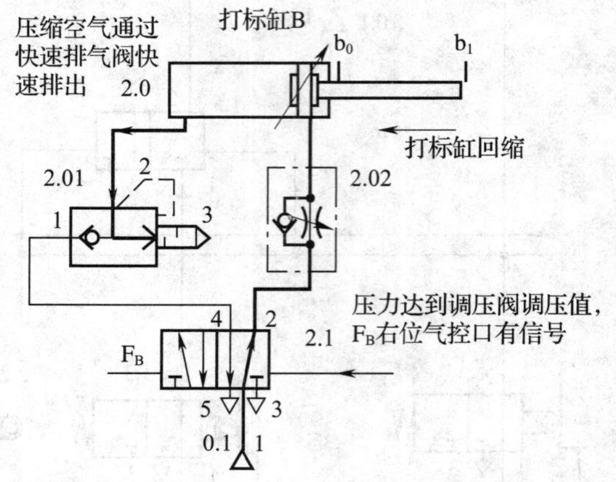

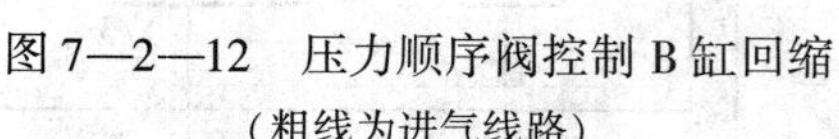
图 7—2—12　压力顺序阀控制 B 缸回缩

（粗线为进气线路）

图 7—2—13　气缸快速回缩的控制回路

当按下启动按钮，压缩空气经行程阀 1. 4，发出 a_0信号，然后进入主控阀 1. 1 的左端控制口，主控阀左位接入系统，夹紧缸 A 伸出，同时辅助阀 $K_{b_1}^{a_0}$和辅助阀 $K_{a_0}^{b_1}$左位接入系统。当活塞杆离开阀 1. 4 时，在弹簧力的作用下阀 1. 4 复位，但由于主控阀 1. 1 是双气控阀具有“记忆”特性，主控阀 1. 1 仍保持左位接入系统，夹紧缸 1. 0 的活塞缸继续伸出。

当 A 缸活塞杆压下行程阀 2. 2 后，发出 a_1信号，使主控阀 2. 1 在压缩空气的作用下，左位接入系统，使得 B 缸的活塞杆前伸，而气缸右腔的空气须经单向节流阀的节流口通过，速度受到控制。当活塞杆离开阀 2. 2 后，阀 1. 3 在弹簧力的作用下复位，同理，由于阀 2. 1 具有“记忆”特性，使得打标缸 2. 0 的活塞缸继续伸出。

当 B 缸活塞杆运行至开始打标位置，活塞杆运行速度逐渐减慢，直至到达阀 2. 5 对应的 b_1位置后动作结束。此时，B 缸无杆腔的压力逐渐增大，压力达到压力顺序阀的调定值后，阀 2. 5 才有信号 b_1输出，辅助阀 $K_{a_0}^{b_1}$右位接通，切断主控阀 2. 1 左位气控口的 a_1控制信号，而使主控阀 2. 1 右位接入系统，使得打标缸 2. 0 的活塞杆缩回，同时使得辅助阀 $K_{b_1}^{a_0}$右位接入系统。气缸无杆腔的压缩空气从快速排气阀中排出，同时主控阀 2. 1 右位气控口没有控制信号。

当 B 缸的活塞杆回退压下行程阀 1. 3 后，发出 b_0信号，在压缩空气的作用下，主控阀 1. 1 右位接入系统，使得活塞杆退回，直至压下行程阀 1. 4 对应的位置 a_0后回到初始位置。若再按下启动按钮，开始新一轮循环。

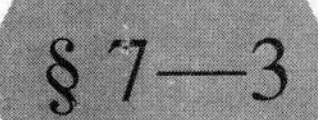

§7—3　双缸时间控制回路

学习目标

◎掌握延时阀的图形符号、工作原理及应用。

◎掌握双压阀的图形符号、工作原理及应用。

◎掌握双缸时间控制回路的工作特点、组成。

如图7—3—1所示为生活垃圾处理站压料机的工作示意图。从压料机的工作要求可以看出，它需要完成时间（延时）控制、压力达到所需要（压实与调压）的压力控制、运动的速度（速度可调）控制、没有物品时的位置控制、启动按钮的自锁控制，以及压力控制与位置控制的联系。压料机的各种控制中，与前面所学回路控制不同的是两个气缸协调顺序动作，实现延时控制。这也是该设备控制回路中的难点。

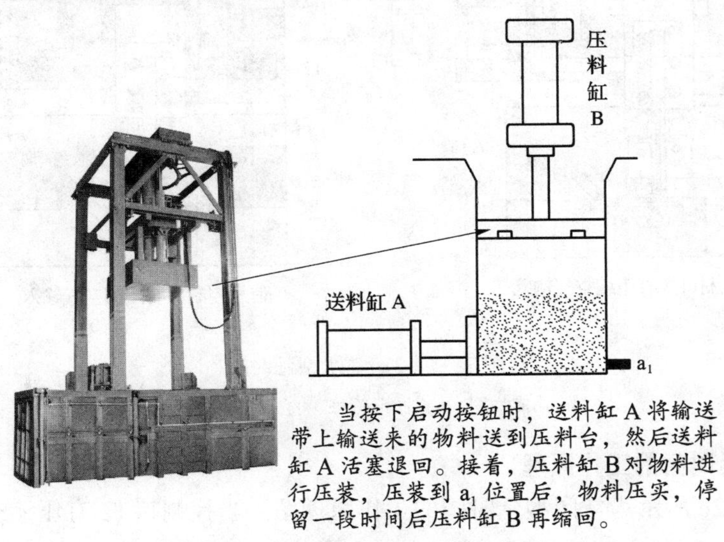

图7—3—1　压料机的工作示意图

在气压传动系统中，起到延时控制的主要控制元件是哪个？它具有什么样的结构和工作原理？压料机的气压传动系统回路是如何工作的？

一、延时阀

当要求回路中两个气缸协调作顺序动作，并实现延时控制时，通常采用延时阀进行控制。

1. 分类和结构

延时阀是由3/2阀、单向节流阀和气囊组合而成，因此，它属于方向控制阀。根据延时阀包含的 3/2 阀的初始位置的状态，通常将延时阀分成两大类：常闭型延时阀和常开型延时阀。如图 7—3—2a、图 7—3—2b 所示为常闭型延时阀的实物图和图形符号。

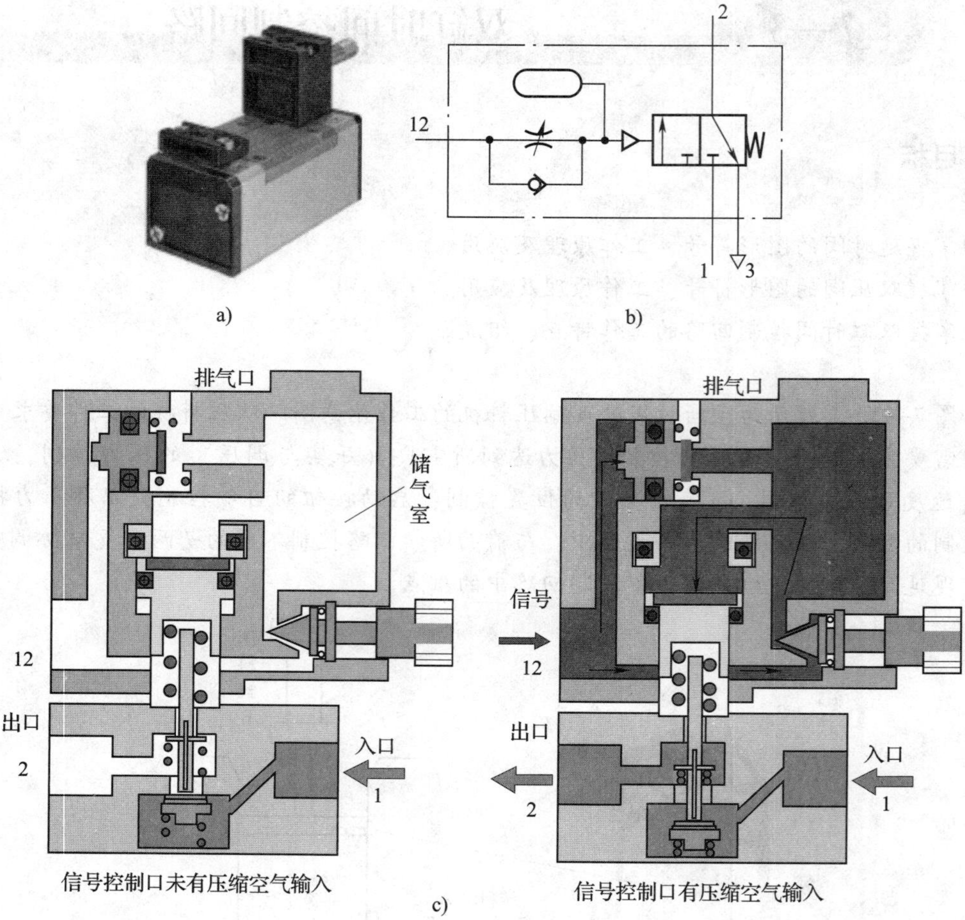
2
12
1
3
a)
b)
排气口
储气室
12
出口
2
入口
1
排气口
信号
12
出口
2
入口
1
信号控制口未有压缩空气输入
信号控制口有压缩空气输入
c)

图 7—3—2　常闭型延时阀

a）实物图　b）图形符号　c）工作原理图

2. 常闭型延时阀的工作原理

如图 7—3—2c 所示为常闭型延时阀的工作原理图。当控制口 12 有压缩空气（信号）进入，经节流阀进入储气室，单位时间内流入储气室空气流量的大小由节流阀调节，当储气室充满压缩空气，建立起能克服弹簧力的压力时，3/2 阀的阀芯移动，使得工作口 2 有压缩空气输出。

没有储气室的延时阀，其延时时间较短，一般只有 0 ~ 30 s；有储气室的延时阀的延时时间较长。在时间控制上，如果压缩空气洁净，而且压力相对稳定，可以保证准确的切换时间。

二、双压阀

双压阀（图 7—3—3）是单向阀的派生阀，具有一定的逻辑特性，也称为“与”阀，属于气压传动系统中的逻辑控制元件。双压阀有两个信号输入口和一个信号输出口。

1. 双压阀的工作原理

双压阀的工作原理图如图 7—3—3c 所示。双压阀有两个进气口 1，一个工作口 2，当仅有一个进气口进气时，压缩空气推动阀芯，封住压缩空气的通道，使得工作口 2 没有压缩空气输出。如两个进气口 1 同时有压缩空气输入，若气压相同，阀芯封住一个通道而总有另一个进气口与工作口相通，使得工作口 2 有压缩空气输出。若两个进气口输入的压缩空气的压力不同，那么其中压力高的那一端推动阀芯移动，使得压力低的一端进气口与工作口相连，工作口输出低压力的压缩空气。

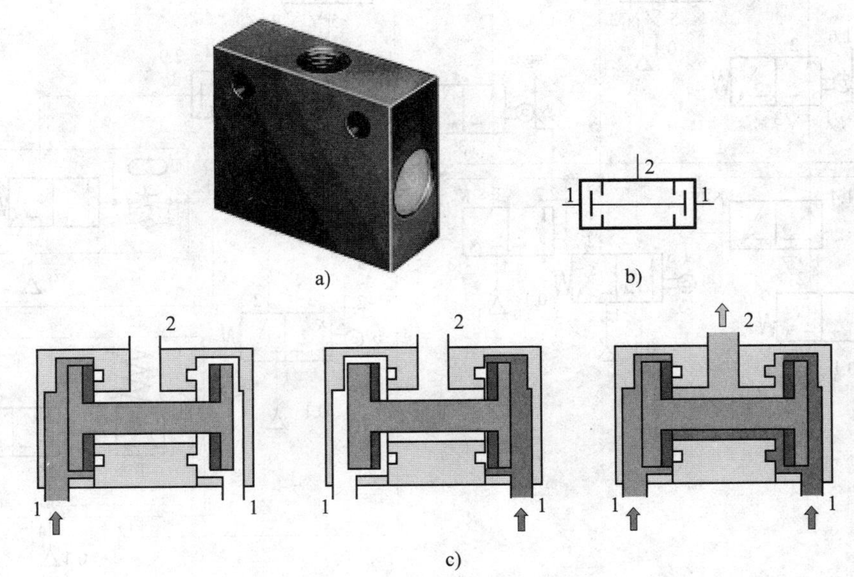

图 7—3—3 双压阀

a）实物图 b）图形符号 c）工作原理

1—进气口 2—工作口

2. 双压阀的逻辑功能

双压阀只有在 2 个进气口都有压缩空气输入时，才有压缩空气输出，而只有 1 个进气口有压缩空气输入时，工作口没有压缩空气输出。

三、压料机气压传动回路工作原理

1. 压料机工作过程分析

如图 7—3—4 所示为压料机的时间控制多缸动作回路图。A 缸将物料送入压料装置然后返回，B 缸将物料压实后延时一段时间再返回。从压料机的工作任务中可以看出，压料机顺序动作的控制过程除了有行程控制、压力控制以外，还有时间控制，在气压传动控制系统中常使用延时阀来控制气缸延时动作的时间。而在气压传动系统中采用延时阀控制两个或两个以上气缸作顺序动作的回路，称为时间控制多缸动作回路。压料机的送料缸 A 和压料缸 B 的工作过程如图 7—3—5 所示。

2. 工作过程压料缸的回缩控制

在控制气缸回缩的要求中，一个是要求活塞杆碰到行程阀 1. 3 对应的 a_1 位置将物料压实，另一个要求是当压力达到调定值并延时一段时间。这两个要求都满足时，活塞杆才回缩，回路中采用双压阀进行控制。

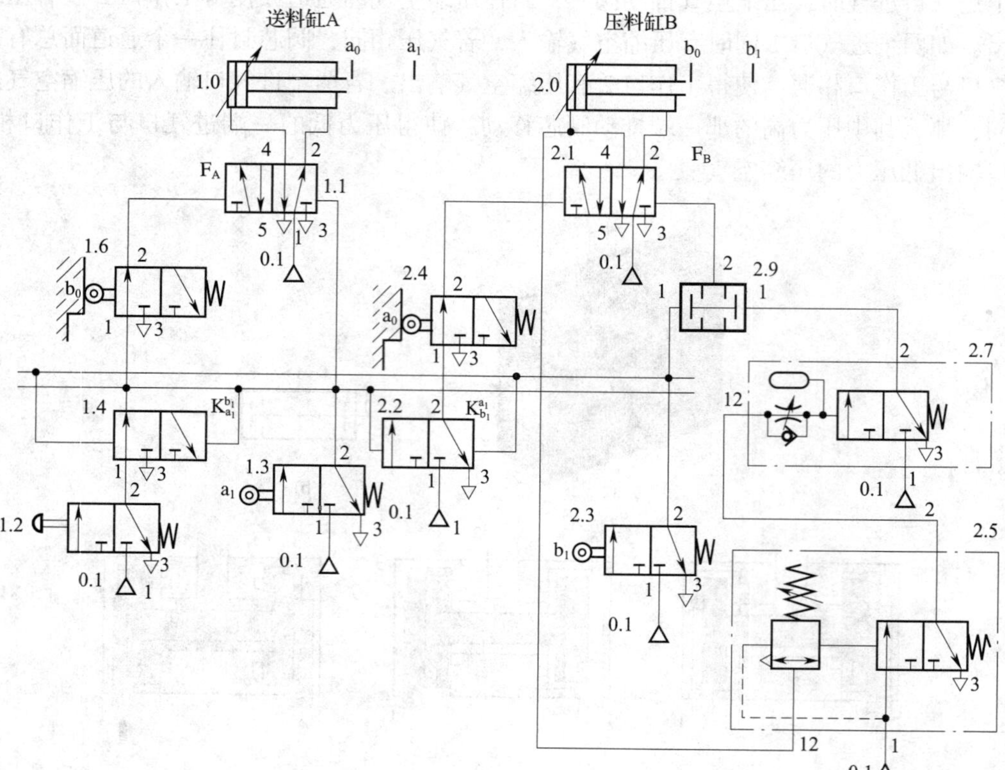

图 7—3—4　压料机的时间控制多缸动作回路图

0. 1—气源　1. 2—二位三通按钮式手动换向阀　1. 4、2. 2—辅助阀

1. 6、1. 3、2. 3、2. 4—行程阀　1. 1、2. 1—主控阀　1. 0、2. 0—气缸

2. 5—压力顺序阀　2. 7—延时阀　2. 9—双压阀

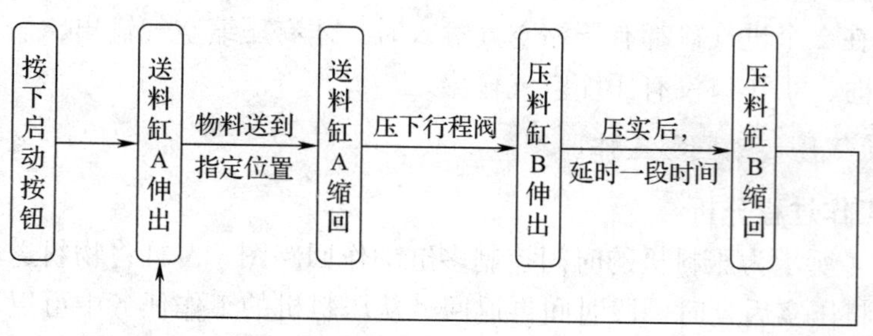

图 7—3—5　压料机气缸工作过程

如图 7—3—6 所示，当活塞杆运行到 b_1 位置后，压下行程阀 2. 3，压缩空气从气源进入“与”阀 2. 9 一端进气口；气缸活塞杆到达 b_1 位置后，当气缸左腔的压力达到压力顺序阀 2. 5 调定的压力，压力顺序阀 2. 5 气控口 12 口有压缩空气输入，使得压力顺序阀工作，2 口有压缩空气输出，压缩空气进入延时阀 2. 7 的气控口 12 口，延时阀 2. 7 工作，延时一段时

间后，延时阀 2.7 的 2 口有压缩空气输出，作用在“与”阀另一端进气口，“与”阀工作，“与”阀出气口 2 口输出压缩空气，作用在主控阀 2.1 右端气控口，使得主控阀 2.1 换向，右位接入回路，压缩空气进入气缸右腔，活塞杆回缩。如图 7—3—6a 所示状态为气缸无杆腔压力达到压力顺序阀 2.5 调定值，压力顺序阀 2.5 动作，作用在延时阀 2.7 气控口 12 口，延时一段时间，使主控阀 2.1 右位气控口获得信号，主控阀 2.1 即将换向时的回路图。如图 7—3—6b 所示为主控阀 2.1 换向后，气缸活塞杆回缩的回路图，由于主控阀 2.1 有“记忆”特性，在右位气控口信号消失时，仍保持右位接入回路。

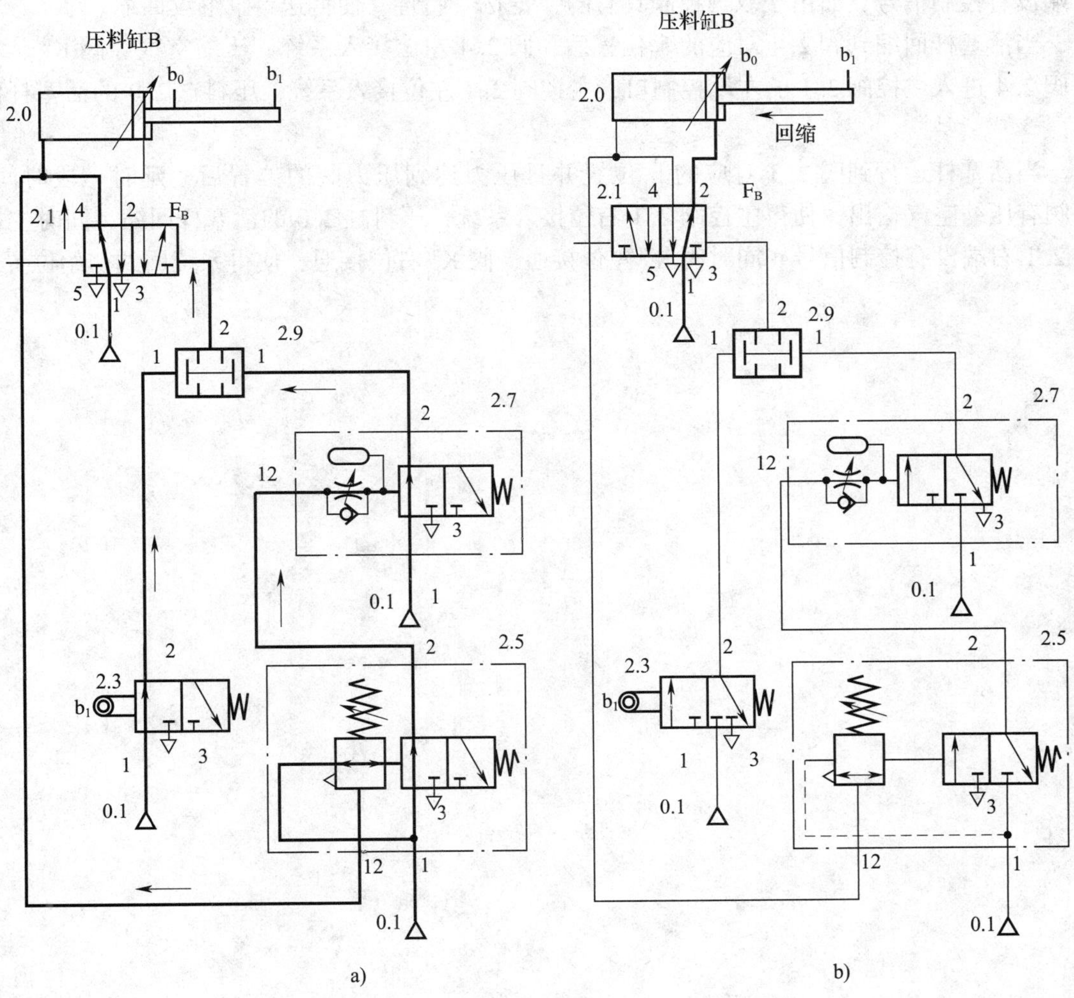

图 7—3—6　压料缸的回缩控制

a）主控阀右位即将换向时的回路　b）主控阀右位接入的回路

（粗线为进气线路）

3. 压料机延时控制回路

从图 7—3—4 中可以看出，在初始位置，压缩空气进入气缸的右腔，使得活塞杆收回，行程阀 1.6、2.4 左位接通。由于回路工作过程分析与 $A_1B_1B_0A_0$ 类似，在此不做拆解图例分析。

当按下启动按钮 1. 2，压缩空气经行程阀 1. 6 后发出 b_0信号，进入主控阀 1. 1 的左端气控口，主控阀 1. 1 左位接入系统，送料缸 A 前伸，同时阀 2. 4 在弹簧力的作用下复位，右位接入回路。松开启动按钮 1. 2，按钮在弹簧力的作用下，使得右位接入回路，主控阀 1. 1 左端没有控制信号，而由于双气控阀具有的“记忆”特性，使得送料缸 A 继续伸出。

当送料缸的活塞杆运行到阀 1. 3 所对应的 a_1 位置后，行程阀 1. 3 左位接通，发出 a_1 信号，压缩空气进入主控阀 1. 1 右端控制口，气缸活塞杆回缩。同时阀 $K_{a_1}^{b_1}$右位接通，阀 $K_{b_1}^{a_1}$左位接通。当活塞杆离开 a_1的位置后，阀 1. 3 在弹簧力的作用下，使得右位接入系统，主控阀右端没有控制信号，而由于双气控阀具有的“记忆”特性，使得送料缸继续回缩。

当活塞杆回缩到阀 2. 4 对应的 a_0位置后，阀 2. 4 左位接入系统，压缩空气经阀 $K_{b_1}^{a_1}$、行程阀 2. 4 进入主控阀 2. 1 的左端控制口，主控阀 2. 1 左位接入系统，压料缸 2. 0 的活塞杆伸出。

当活塞杆运行到阀 2. 3 对应的 b_1位置并且压力达到压力阀的位置后，延时一段时间，与阀有压缩空气输出，使得主控阀 2. 1 右位接入系统，压料缸 2. 0 的活塞杆回缩，同时主控阀 2. 1 右端没有控制信号。同时阀 $K_{a_1}^{b_1}$左位接通，阀 $K_{b_1}^{a_1}$右位接通，使得系统回到初始位置。

第八章　气压传动系统分析与维护

§8—1　颜料振动机气压传动系统的分析

学习目标

◎能识读复杂气压传动系统控制回路图，分析气压传动系统的工作原理。

◎掌握气压传动系统中主要气压传动元件的作用。

◎了解气压传动工具或设备的安全生产规程。

颜料振动机（图8—1—1）由气压传动系统驱动，工作台与气缸相连接。其工作要求如下：

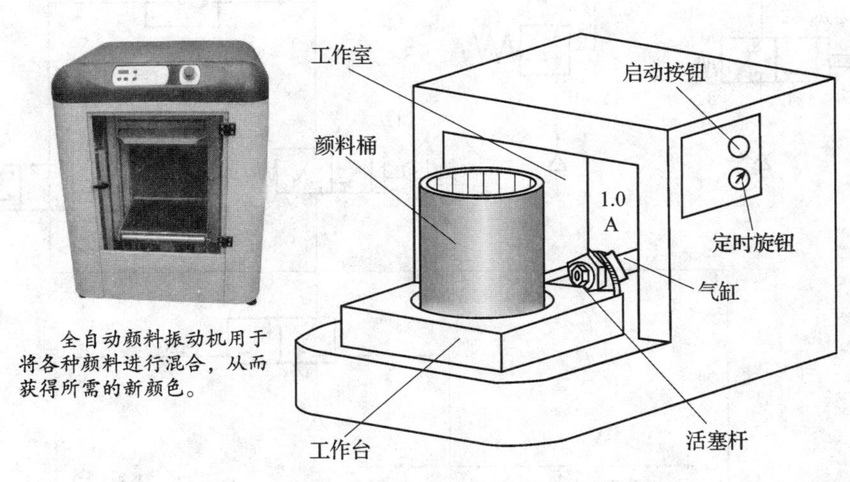

图8—1—1　颜料振动机

1. 当按下颜料振动机启动按钮，颜料桶在工作台的带动下，进入工作室。

2. 颜料桶在工作室内由气缸带动做连续的小幅往复运动，颜料桶内的颜料随颜料桶的运动而产生晃动，各种颜料逐渐混合。

3. 根据需混合颜料的品种，通过调整定时旋钮可设定颜料桶的往复运动时间。当达到设定的时间时，颜料桶被送出工作室，颜料振动机停止工作。

当需要进行新颜料混合工作时，只需重新按下启动按钮。

那么，颜料振动机气压传动系统是怎样实现这一工作过程的呢？

颜料振动机的工作要求实质上就是对气缸运动的要求。其中，气缸的关键动作是能完成连续的往复运动，能够控制在工作室内往复运动的时间。通过掌握颜料振动机气压传动回路各控制元件的作用，分析颜料振动机气压传动系统的动作顺序。

一、颜料振动机气压传动控制回路工作原理

如图 8—1—2 所示是颜料振动机的气压传动控制回路图。从任务中对颜料振动机工作要求的描述，将其工作过程状态分为初始状态、工作状态。

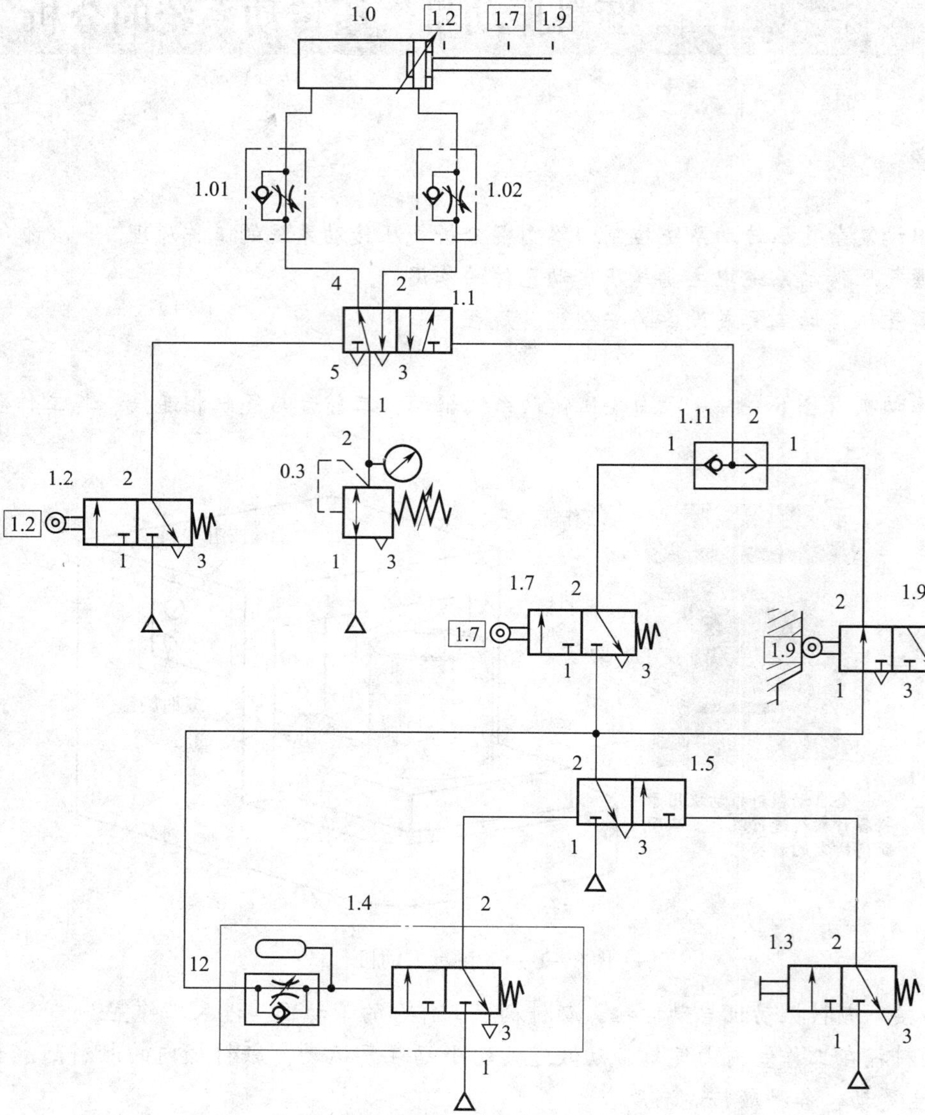

图 8—1—2　颜料振动机的气压传动控制回路图

1. 0—气缸　1. 01、1. 02—单向节流阀　1. 1—5/2 双气控换向阀　0. 3—减压阀
1. 2、1. 7、1. 9—双向式行程阀　1. 5—3/2 双气控换向阀　1. 3—3/2 启动按钮
1. 4—常开型延时阀　1. 11—梭阀

1. 初始状态

如图 8—1—2 所示为颜料振动机的初始状态，主控阀 1.1 左位接通，气缸 1.0 处于完全伸出的状态，活塞杆压下行程阀 1.9。3/2 双气控换向阀 1.5 处于左位接通。

2. 工作状态

（1）活塞杆回缩

按下启动按钮 1.3，阀 1.5 右位接入系统，压缩空气经阀 1.9 和梭阀 1.11 使得主控阀 1.1 右位接入系统，压缩空气进入气缸的右腔，气缸的活塞杆回缩，经过行程阀 1.7 时运动状态不变，如图 8—1—3 所示。同时压缩空气也进入延时阀 1.4，而阀 1.9、1.7 在弹簧力的作用下恢复右位接入系统。

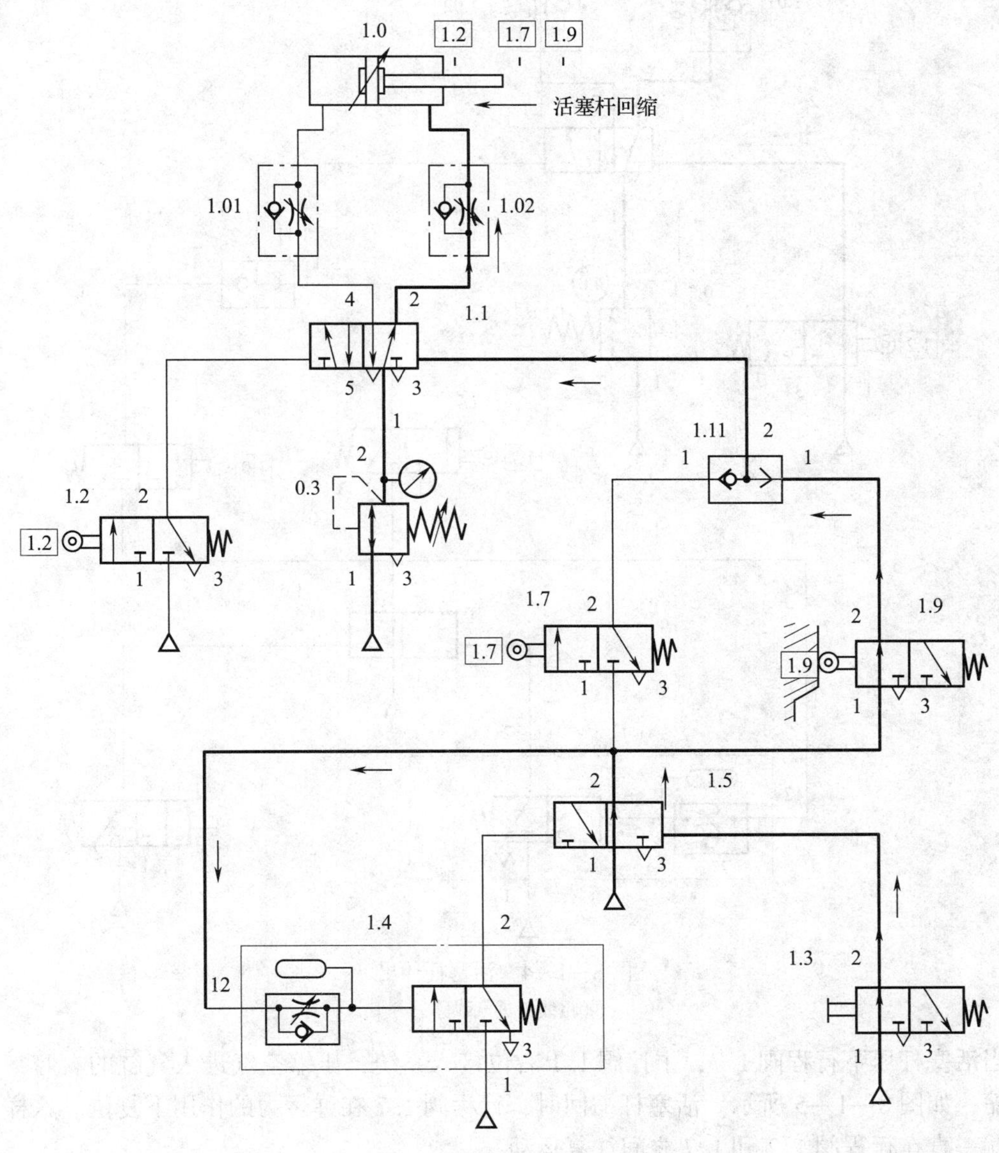

图 8—1—3　活塞杆回缩

（粗线为进气线路）

（2）活塞往复

当活塞缩回到1.2位置时，活塞杆压下行程阀1.2，主控阀1.1左位接入系统，压缩空气进入气缸的左腔，活塞杆伸出，如图8—1—4所示。当活塞杆伸出时，行程阀1.2在弹簧力的作用下复位。

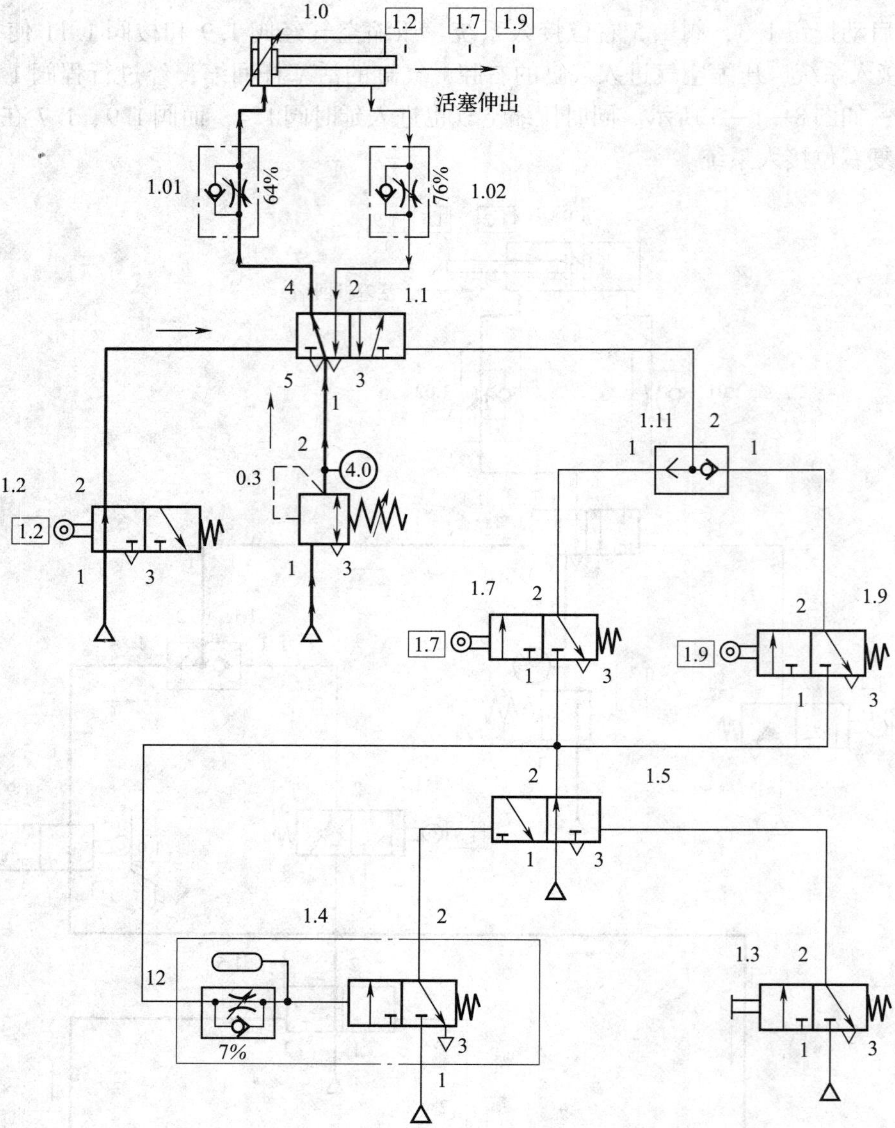

图8—1—4　活塞杆伸出

（粗线为进气线路）

当活塞杆压下行程阀1.7，主控阀1.1右位接入系统，压缩空气进入气缸的右腔，活塞杆回缩，如图8—1—5所示。活塞杆缩回时，行程阀1.7在弹簧力的作用下复位。这样，活塞杆就一直在行程阀1.2和1.7之间往复运动。

（3）活塞复位

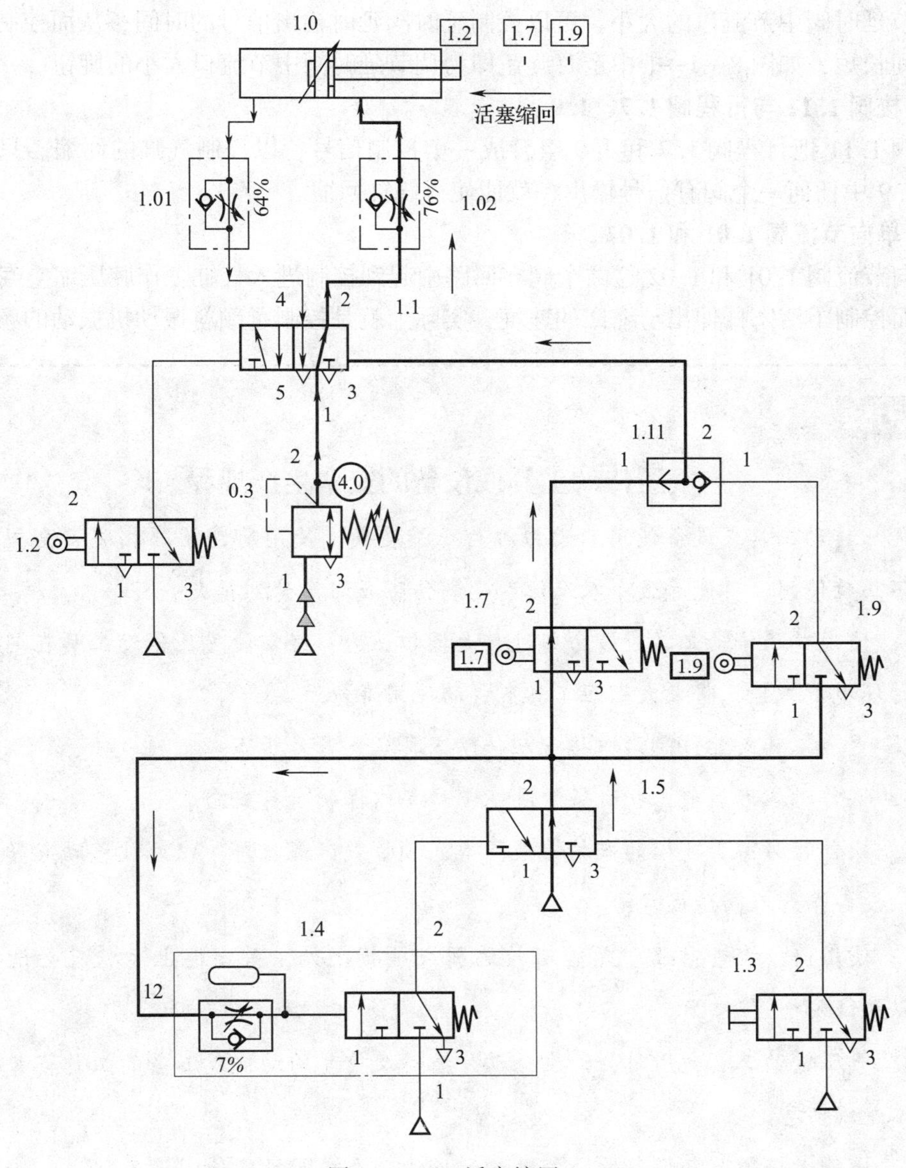

图 8—1—5　活塞缩回
（粗线为进气线路）

当达到调定的时间后，延时阀 1.4 输出压缩空气，使得 3/2 双气控阀左位接入系统，切断行程阀 1.7 和 1.9 的气源，主控阀的右位没有控制信号，而保持左位接入系统，活塞杆回到初始位置，系统停止工作。

二、主要元件在回路中的作用

1. 延时阀 1.4 与 3/2 双气控阀

常开式延时阀 1.4 与 3/2 双气控阀组合，用于控制振动机的振动时间。当延时阀动作后，输出压缩空气，使得 3/2 双气控阀换向，切断行程阀 1.9、1.7 的输入，而使两行程阀被活塞杆压下后没有输出，使得主控阀 1.1 保持右位接入系统，气缸回到初始位置。

调节延时阀中节流口的大小，可以控制延时阀延时输出信号的时间，从而控制振动机振动的时间长短，如图 8—1—1 中定时旋钮即为调节延时阀中节流口大小的旋钮。

2. 梭阀 1.11 与行程阀 1.7、1.9

梭阀 1.11 把行程阀 1.7 和 1.9 组合成一个控制信号，以控制气缸的回缩。只要行程阀 1.7 和 1.9 中任何一个阀有信号输出，就能使得气缸回缩。

3. 单向节流阀 1.01 和 1.02

单向节流阀 1.01 和 1.02 这两个阀在回路中起到控制进入气缸工作腔压缩空气流量的作用，从而控制了活塞杆伸出与缩回的速度，实际上就是控制了颜料振动机振动的频率。

〔知识拓展〕

气压传动工具或设备的安全生产规程

气压传动工具或设备使用的动力源为压缩空气，使用前需了解相关安全规范。疏忽或不正确使用，可能导致个人及他人受到伤害或财产受到损失。

1. 使用气压传动工具时请勿超过最大操作压力，经常使气压传动工具在超过操作压力的环境下工作，将大大缩短工具本身的使用寿命。

2. 更换工具或配件时请先将气压传动工具从气源处拆下。

3. 操作时尽可能戴上护目镜、耳塞、口罩以保护自身安全。

4. 操作时勿穿着宽松的衣物、戴围巾、领带或佩戴首饰，以免被移动或转动的零部件、设备等卷入而造成危险。

5. 使用前，检查空压管是否有较脆弱或破损之处，若发现上述状况，请立即更新，以保证安全。

6. 气压传动工具使用时会产生振动。振动及重复的动作或不当的工作姿势可能会对身体造成伤害。

7. 操作者必须熟悉设备的一般结构和性能，严禁超性能使用设备。

8. 需润滑的设备，按设备润滑图表规定注油，检查油量油标，油路是否畅通，保持润滑系统的清洁。

9. 开动前，必须检查气压传动元件，气管连接是否紧固，气缸传动装置是否有松动，检查有无漏气，安全防护齐全方可开机。

10. 工作结束，必须关闭气源方可离开。

11. 设备在使用过程中若出现异常声响等现象，应立即停机，并请维修人员检修至正常后方可使用。

§8—2　灌装机气压传动系统的维护

学习目标

◎掌握气压传动系统维护、保养的内容。
◎了解气压传动系统故障类型及诊断方法。
◎了解气压传动系统典型故障和排除方法。
◎了解气缸、气管的安装要点。

如图 8—2—1 所示液体定量灌装机的工作过程如下：

1. 按下启动按钮后，输送气缸 1.0 伸出，将饮料空瓶送入灌装位置。
2. 灌装气缸 2.0 伸出，将饮料装入空瓶。
3. 当灌装饮料达到预先指定的液量时，传感器发出信号，使灌装气缸 2.0 缩回。
4. 然后，输送气缸 1.0 缩回，以等待下一个工作循环。

图 8—2—1　液体定量灌装机

在灌装过程中，两气缸动作需要延时一段时间。灌装完成后，气缸 2.0、1.0 才能快速退回。要保证灌装机能够正常工作，需要做两方面工作：一是按照规范掌握灌装机气压传动系统的日常维护保养；二是了解气压传动系统的常见故障、原因及其排除方法，在掌握灌装机的工作要求及系统工作原理的基础上，能够对其进行正确分析和判断。

一、灌装机气压传动系统的工作原理

灌装机气压传动系统工作原理图如图 8—2—2 所示，灌装机气缸实现的动作顺序如图 8—2—3 所示。该气压传动系统有如下特点：

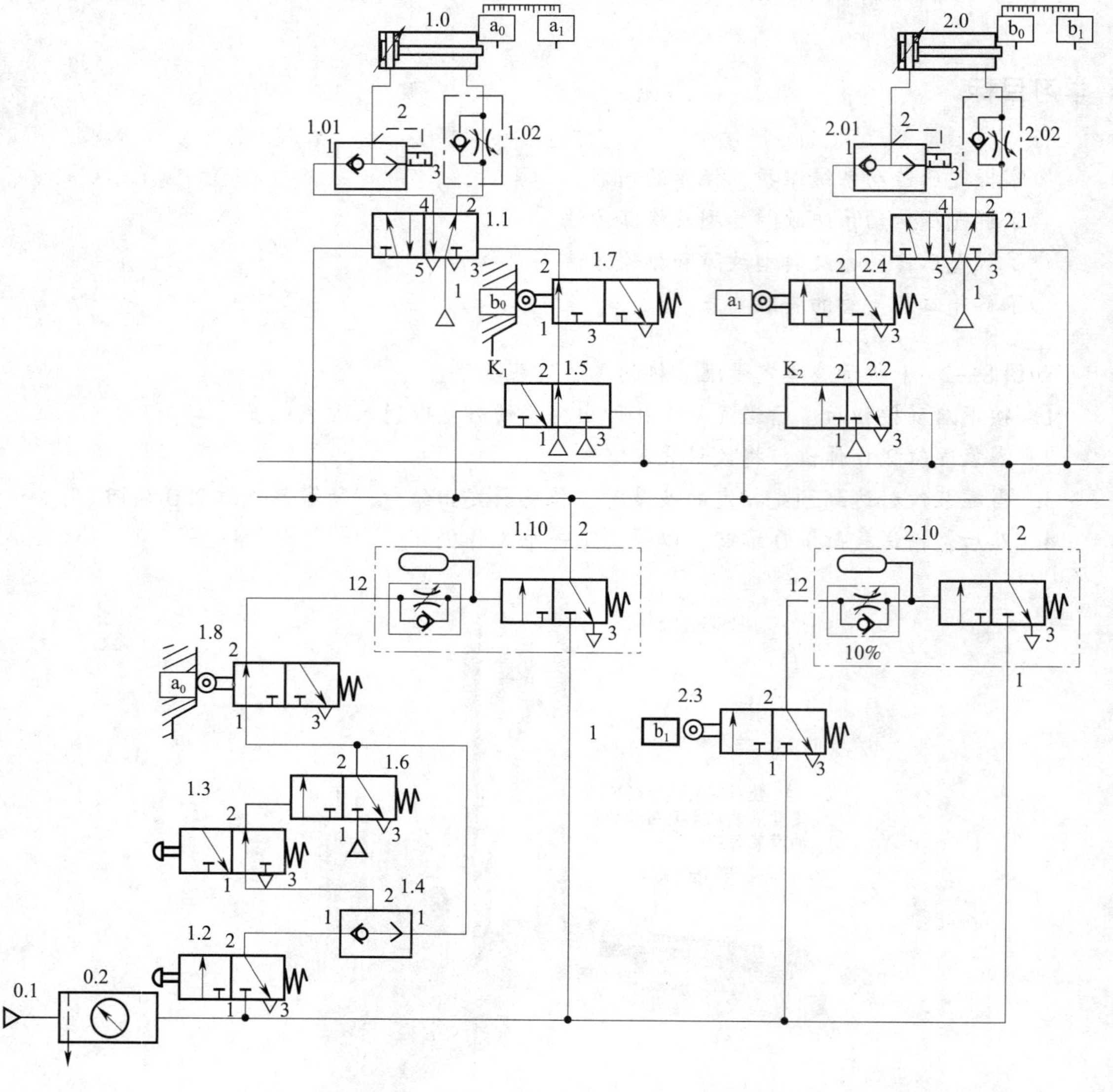

图 8—2—2　灌装机气压传动系统工作原理图

0.1—气源　0.2—气源调节装置　1.2、1.3—按钮　1.4—梭阀　1.6—二位三通换向阀　1.7、1.8、2.3、2.4—行程阀　1.10、2.10—延时阀　1.1、2.1—二位五通换向阀　1.01、2.01—快速排气阀　1.0、2.0—气缸　1.02、2.02—单向节流阀　1.5、2.2—二位三通换向阀

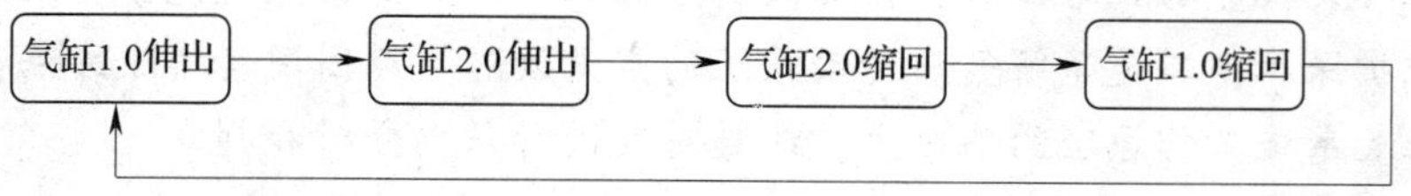

图 8—2—3　灌装机动作顺序

1. 启动回路采用由梭阀 1.4 及按钮 1.2、3/2 阀 1.6 组成的自锁回路，以实现系统启动后两个气缸的连续往复动作。

2. 利用 4 个行程阀 a_0、a_1、b_0、b_1 确保气缸按顺序要求完成动作，分别控制主控阀 1.1 和 2.1 的换向。

3. 利用两个 3/2 阀 K_1 和 K_2，对主控阀的主控信号进行消障处理。

4. 利用两个延时阀 1.10 与 2.10，分别对气缸 1.0 和气缸 2.0 顺序动作的时间进行调节和控制。阀 1.10 控制气缸 1.0，因气缸 1.0 主要用于将饮料瓶推入灌装位置，延时时间较短，因而延时阀开口较大。阀 2.10 控制气缸 2.0，因气缸 2.0 主要用于饮料灌装，灌装时间较长，延时阀开口较小，在实际生产中，其开口的大小依灌装量需求进行调节，确保饮料灌装完成。

5. 利用两个快速排气阀 1.01 和 2.01 分别快速排出气缸 1.0 和 2.0 非工作腔的空气，实现两气缸的快速退回。

6. 利用两个单向节流阀 1.02 和 2.02，用排气节流调速的方式对气缸 1.0 与 2.0 运动速度进行调节，采用排气节流的方式，能产生一定的背压，起到运行平稳和缓冲气流、保护气缸的作用。

二、气压传动系统的维护、保养

气动系统日常维护保养工作的中心任务是保证供给气动系统清洁干燥的压缩空气；保证气动系统的密封性；保证润滑元件得到必要的润滑；保证气动元件和系统得到规定的气压等工作条件，以保证气动执行元件按预定的要求进行工作。

维护工作可以分为经常性维护工作和定期性维护工作。经常性维护工作是指每天必须进行的维护工作，而定期性维护工作是指每周、每月或每季度进行的维护工作。

1. 经常性维护工作的内容

日常维护的主要内容是冷凝水排放、检查润滑油和空气机系统的管理。

冷凝水排放遍及整个气动系统，从空压机、后冷却器、储气罐、管道系统直到各处空气过滤器、干燥器和自动排水器等。在每天工作结束后，应将各处冷凝水排放掉，以防夜间温度低于 0℃，导致冷凝水结冰。

在气动装置运动时，每天应检查一次油雾器的滴油量是否符合要求，油色是否正常，即油中不要混入灰尘和水分等。

空压机系统的日常管理工作包括：是否向后冷却器供给冷却水，空压机是否有异常声音和异常发热，润滑油位是否正常。

2. 定期性维护工作的内容

每周维护工作的主要内容是漏气检查和油雾器管理，并注意空压机是否要补油、传动带是否松动、干燥器的露点有无变动、执行元件有无松动处，目的是在早期发现故障存在的隐患。

油雾器最好一周补油一次，补油时，要注意油量的减少情况。若耗油量太少，应重新调整滴油量，若调整后滴油量仍少或不滴油时，应检查通过油雾器的流量是否减少，油道是否堵塞。

每月或每季度的维护工作应比每日和每周的维护更仔细，但仍限于外部能够检查的范围。其主要内容是仔细检查各处泄漏情况，紧固松动的螺钉和管接头，检查换向阀排出空气的质量，检查各调节部分的灵活性，检查指示仪表的正确性，检查电磁阀切换动作的可靠性，检查气缸活塞杆的质量以及一切从外部能够检查的内容。每季度的维护工作见表8—2—1。

表8—2—1　　每季度的维护工作

元　件	维护内容
自动排水器	能否自动排水，手动操作装置能否正常工作
过滤器	过滤器两侧压力差是否超过允许值
液压阀	旋转手柄、压力可否调节；当系统压力为零时，观察压力表的指针能否回零
压力表	观察各处压力表指示值是否在规定范围内
安全阀	使压力高于设定压力，观察安全阀能否溢流
压力开关	在最高和最低的设定压力点，观察压力开关能否正常接通和断开
换向阀的排气口	检查油雾喷出量，有无冷凝水排出，有无漏气
电磁阀	检查电磁线圈的温升，阀的切换动作是否正常
速度控制阀	调节节流阀开度，检查能否对气缸进行速度控制或对其他元件进行流量控制
气缸	检查气缸运动是否平稳，速度及循环周期有无明显变化，安装螺钉、螺母、拉杆有无松动，气缸安装架有无松动和异常变形，活塞杆连接有无松动，活塞杆部位有无漏气，活塞杆表面有无锈蚀、划伤和偏磨，端部是否出现冲击现象，行程中有无异常，磁性开关动作位置有无偏移
空压机	进口过滤器网眼有无堵塞
干燥器	冷凝压力有无变化、检查冷凝水排出口温度的变化情况

三、气压传动系统故障类型及诊断方法

1. 故障类型

随着工作时间的增长，灌装气压传动系统与所有气压传动系统一样，都可能出现系统故障，这就需要对系统故障做出正确的判断，找出故障点并进行排除，使气压传动系统恢复正常工作。通常，将气压传动系统的故障分为初期故障、突发故障和老化故障三类。

（1）初期故障

在调试阶段和开始运转的两三个月内发生的故障称为初期故障。其产生的原因主要有零件毛刺没有清除干净，装配不合理或误差较大，零件制造误差或设计不当。

（2）突发故障

系统在稳定运行时期内突然发生的故障称为突发故障。例如，油杯和水杯都是用聚碳酸酯材料制成的，如果它们在有机溶剂的雾气中工作，就有可能突然破裂；空气或管路中，残留的杂质混入元器件内部，突然使相对运动件卡死；弹簧突然折断、软管突然爆裂、电磁线圈突然烧毁；突然停电造成回路误动作等。

有些突发故障是有先兆的，如排出和空气中出现杂质和水分，表明过滤器失效，应及时查明原因，予以排除，不要形成突发故障。但有些突发故障是无法预测的，只能采取安全保

护措施加以防范，或准备一些易损备件，以便及时更换失效的元件。

(3) 老化故障

个别或少数元件达到使用寿命后发生的故障称为老化故障。参照系统中各元件的生产日期、开始使用日期、使用的频繁程度以及已经出现的某些征兆，如声音反常、泄漏越来越严重等，可以大致预测老化故障的发生时间。

2. 气压传动系统的故障诊断方法

气压传动系统的故障诊断方法，常用的有经验法和推理分析法。

(1) 经验法

经验法指依靠实际经验，并借助简单的仪表诊断故障发生的部位，找出故障原因的方法。经验法可按中医诊断的“望、闻、问、切”进行。

1) 望。例如，看执行元件的运动速度有无异常变化；各测压点的压力表显示的压力是否符合要求，有无大的波动；润滑油的质量和滴油量是否符合要求；冷凝水能否正常排出；换向阀排气口排出的空气是否干净；电磁阀的指示灯显示是否正常；紧固螺钉及管接头有无松动；管道有无扭曲和压扁变形；有无明显振动存在；加工产品质量有无变化等。

2) 闻。包括耳闻和鼻闻。例如，气缸及换向阀换向时有无异常声音；系统停止工作但尚未泄压时，各处有无漏气，漏气声音大小及每天的变化情况；电磁线圈和密封圈有无因过热而发出特殊气味等。

3) 问。即查阅气动系统的技术档案、了解系统的工作程序、运行要求及主要技术参数；查阅产品样本，了解每个元件的作用、结构、功能和性能；查阅维护检查记录，了解日常维护保养的工作情况；访问现场操作人员，了解设备运行情况，了解故障发生前的征兆及故障发生时的状况，了解曾经出现过的故障及其排除方法。

4) 切。触摸相对运动件外部的手感和温度，电磁线圈处的温升等。如果触摸 2 s 感到烫手，则应查明原因。另外，还要检查气缸、管道等处有无振动感，气缸有无爬行现象，各接头处及元件处手感有无漏气等。

经验法简单易行，但由于每个人的感觉、实践经验和判断能力有差异，诊断故障会存在一定的局限性。

(2) 推理分析法

推理分析法是利用逻辑推理、步步逼近，寻找出故障真实原因的方法。

1) 推理步骤。从故障的症状，推理出故障的真实原因，可按下面三步进行。

①从故障的症状，推理出故障的本质原因。

②从故障的本质原因，推理出故障可能存在的原因。

③从各种可能的常见原因中，推理出故障的真实原因。

2) 推理方法。推理的原则是由简到繁、由易到难、由表及里逐一进行分析，排除掉不可能的和非主要的故障原因；故障发生前曾调整或更换过的元件先检查；优先检查故障概率高的常见原因。

①仪表分析法。利用检测仪器仪表，如压力表、压差计、电压表、温度计、电秒表及其他电子仪器等，检查系统或元件的技术参数是否合乎要求。

②部分停止法。暂时停止气动系统某部分的工作，观察对故障征兆产生的影响。

③试探反证法。试探性地改变气动系统中的部分工作条件，观察对故障征兆产生的影响。

④比较法。用标准的或合格的元件代替系统中相同的元件，通过工作状况的对比，来判断被更换的元件是否失效。

四、气压传动系统故障诊断流程图

在实际应用中，为了从各种可能的常见故障原因中推理出故障的真实原因，通常采用绘制故障诊断流程图的方法来确定故障点，从而快速有效地排除故障。

故障诊断流程图是由一些规定的图形和流程线组成，用来描述算法的图形。在故障诊断流程图中，通常采用圆角长方形表示起止框；平行四边形表示输入、输出框；长方形表示处理框、执行框，用于赋值、计算；菱形表示判断框，成立写“是”或“Y”，不成立则写“否”或“N”。故障诊断流程图的表达方法见表 8—2—2。

表 8—2—2　故障诊断流程图的表达方法

程序框	名　称	功　能
圆角长方形	终端框（起止框）	表示故障诊断的开始和结束
平行四边形	输入框、输出框	表示气压传动元件的动作情况
长方形	处理框、执行框	表示故障检查点
菱形	判断框	表示诊断故障条件是否成立

例：液体定量灌装机工作中出现故障，当按下启动按钮后，气缸 1.0 不动作。对这一故障的诊断，可根据液体定量灌装机气压传动控制系统工作原理，画出故障诊断流程图，如图 8—2—4 所示。

五、灌装机气压传动系统常见故障及排除方法

灌装机气压传动系统与其他气压传动系统一样，故障主要是由组成气压传动系统的气压传动元件工作不正常，或是这些元件调整得不恰当造成的，表 8—2—3、表 8—2—4、表 8—2—5 列举了一些常用气压传动元件的常见故障及排除方法。

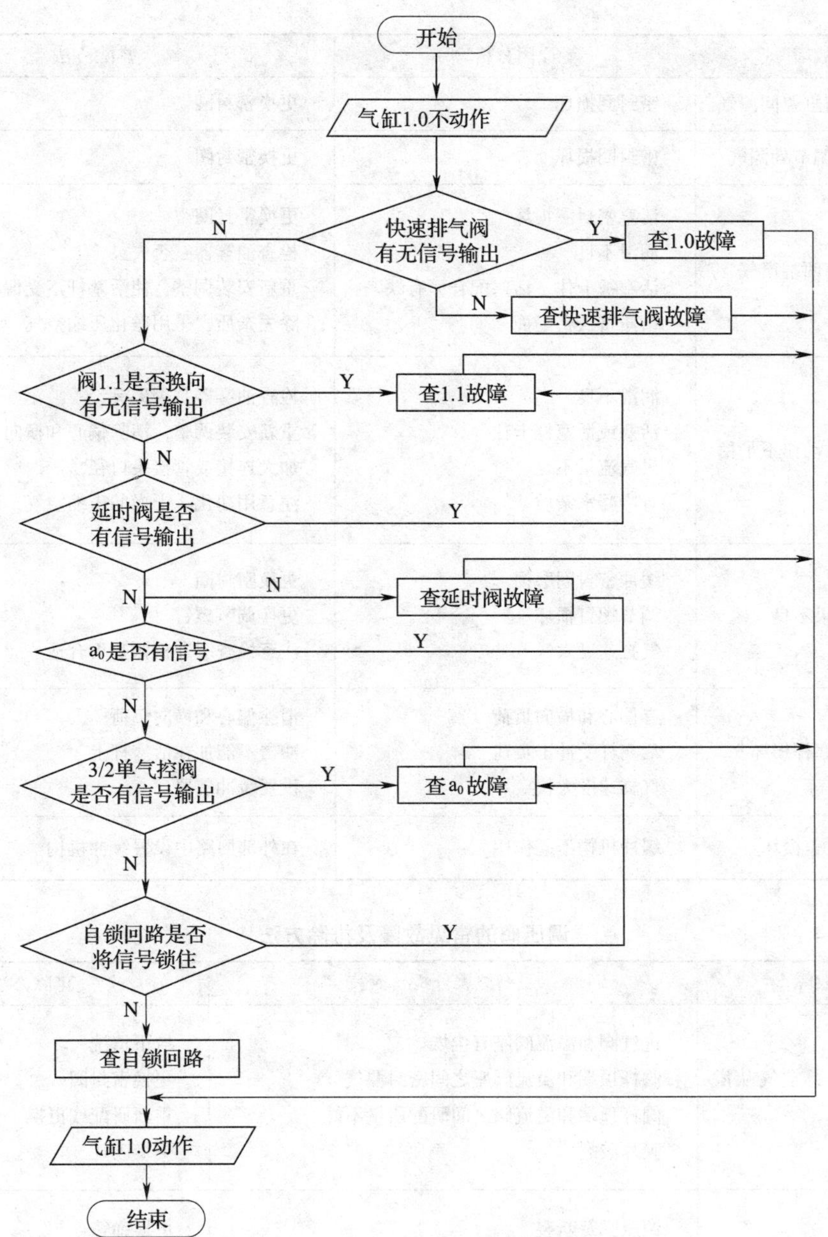

图 8—2—4　灌装机气缸不动作的故障诊断流程图

表 8—2—3　　**气缸常见故障及排除方法**

常见故障		原因分析	排除方法
外泄漏	活塞杆端漏气	活塞杆安装偏心 润滑油供油不足 活塞杆密封圈磨损 活塞杆轴承配合有杂质 活塞杆有伤痕	重新安装调整，使活塞杆不受偏心和横向负荷 检查油雾器是否失灵 更换密封圈 清洗除去杂质，安装更换防尘罩 更换活塞杆

续表

<table>
<tr><th colspan="2">常见故障</th><th>原因分析</th><th>排除方法</th></tr>
<tr><td rowspan="2">外泄漏</td><td>缸筒与缸盖间漏气</td><td>密封圈损坏</td><td>更换密封圈</td></tr>
<tr><td>缓冲调节处漏气</td><td>密封圈损坏</td><td>更换密封圈</td></tr>
<tr><td>内泄漏</td><td>活塞两端窜气</td><td>活塞密封圈损坏
润滑不良
活塞被卡住、活塞配合面有缺陷
杂质挤入密封面</td><td>更换密封圈
检查油雾器是否失灵
重新安装调整，使活塞杆不受偏心和横向负荷
除去杂质，采用净化压缩空气</td></tr>
<tr><td colspan="2">输出力不足，动作不平稳</td><td>润滑不良
活塞或活塞杆卡住
供气流量不足
有冷凝水杂质</td><td>检查油雾器是否失灵
重新安装调整，消除偏心和横向负荷
加大连接或管接头口径
注意用净化、干燥的压缩空气，防止水凝结</td></tr>
<tr><td colspan="2">缓冲效果不良</td><td>缓冲密封圈磨损
调节螺钉损坏
气缸速度太快</td><td>更换密封圈
更换调节螺钉
注意检查缓冲机构是否合适</td></tr>
<tr><td rowspan="2">损伤</td><td>活塞杆损坏</td><td>有偏心和横向负荷
活塞杆受冲击负荷
气缸速度太快</td><td>消除偏心和横向负荷
冲击不能加在活塞杆上
设置缓冲装置</td></tr>
<tr><td>缸盖损坏</td><td>缓冲机构不起作用</td><td>在外部回路中设置缓冲机构</td></tr>
</table>

表 8—2—4　　　　调压阀的常见故障及排除方法

<table>
<tr><th>常见故障</th><th>原因分析</th><th>排除方法</th></tr>
<tr><td>平衡状态下，空气从溢流口溢出</td><td>进气阀和溢流阀座有尘埃
阀杆顶端和溢流阀座之间密封漏气
阀杆顶端和溢流阀之间研配质量不好
膜片破裂</td><td>取下清洗
更换密封圈
重新研配或更换
更换膜片</td></tr>
<tr><td>压力调不高</td><td>调压弹簧断裂
膜片破裂
膜片有效受压面积与调压弹簧设计不合理</td><td>更换弹簧
更换膜片
重新加工设计</td></tr>
<tr><td>调压时压力爬行，升高缓慢</td><td>过滤网堵塞
下部密封圈阻力过大</td><td>拆下清洗
更换密封圈</td></tr>
<tr><td>出口压力发生激烈波动或不均匀变化</td><td>阀杆或进气阀芯上的 O 形密封圈表面损伤
进气阀芯与阀座之间导向接触不好</td><td>更换 O 形密封圈
整修或更换阀芯</td></tr>
</table>

表 8—2—5　　方向阀常见故障及排除方法

常见故障	原因分析	排除方法
安全阀不能换向	润滑不良，滑动阻力和始动摩擦力大 密封圈压缩量大，或膨胀变形 尘埃或油污等被卡在滑动部分或阀座上 弹簧卡住或损坏 控制活塞面积偏小，操作力不够	改善润滑 适当减小密封圈的压缩量 清除尘埃或油污 重新装配或更换弹簧 增大活塞面积和操作力
安全阀泄漏	密封圈压缩量过小或有损伤 阀杆或阀座有损伤 铸件有缩孔	适当增大压缩量或更换损坏的密封件 更换阀杆或阀座 更换铸件
安全阀产生振动	压力低 电压低	提高先导操作压力 提高电源电压或改变线圈参数

六、排除故障注意事项

当故障点被确定后，需要进一步进行故障排除工作，排除故障时应注意以下事项：

1．确保气源已经打开，且供给压力充足。如果是电—气控制系统，则检查和测量电磁电路。不要触碰控制阀和限位开关。

2．检查供气管路，确保没有任何气管变形损坏或破裂。

3．通过检查气缸已经完成的动作及限位开关的驱动状态，检查已经完成的功能（状态）。

4．判断主控阀在未实现系统功能时的操作状态，检查主控阀是否能够换位。最简单的检查方法是拔出输出口气管，测试输出口是否有压力输出。

5．检查接口压力是否正常，如压力过大则一般是由气缸工作过载造成，或有障碍物阻碍了气缸运动。通常情况下由于气缸本身失灵造成接口压力不正常的现象很少见。如接口处无压力输出，造成的原因通常是阀处于错误位置，这时可检查气压传动系统中相关的阀是否有信号（压缩空气）输出。

〔知识拓展〕

气缸、气管的安装要点

1．气缸的安装

气缸抗侧应力强度低。所谓侧应力，即与活塞运行方向成直角的作用力。外部侧应力是影响气缸运行效率及使用寿命的主要原因，但活塞及活塞杆的自重也会产生影响，尤其是长行程气缸。活塞环与缸体、活塞杆与活塞杆轴衬之间的径向力过大会导致气缸的磨损加剧，甚至会造成气缸失灵，如图 8—2—5 所示。

气缸的安装方式主要有刚性安装和柔性安装两种。

（1）刚性安装

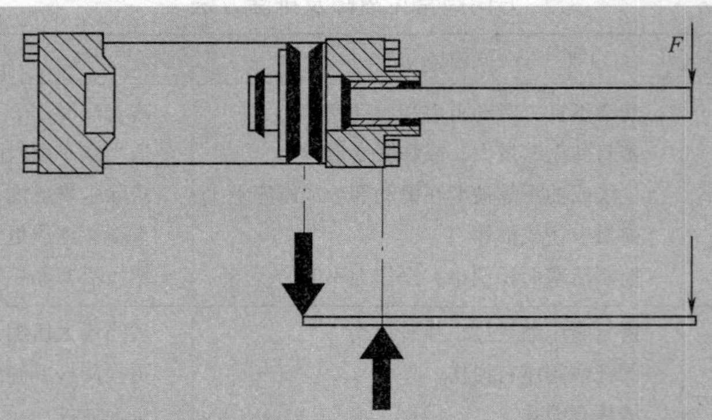

图 8—2—5 活塞及衬套间产生很大的作用力

刚性安装是指气缸采用刚性连接方式固定，气缸与固定件间的相对位置不可变动，如图 8—2—6 所示。刚性安装通常采用固定螺栓方式将气缸与固定件相连接。刚性安装的气缸要求定位准确，且具有稳定的支撑结构。对于带有活塞杆精确导向的短行程气缸来说，这是一种常用的安装方式。但对于长行程气缸来说，应尽量避免此种安装方式。除非气缸一个端部的安装螺栓具有足够的韧性，以克服气缸的膨胀力，如由温度变化所引起的热胀冷缩，尤其是当液压缸在温度变化 50℃或更高时，必须加以克服。

如果活塞杆是通过 U 形连接器连接的，只要 U 形连接器的水平轴和纵向轴有一定的间隙就可以减小侧应力。在气缸的活塞杆未固定的情况下，可通过不完全使用气缸的全行程来消除侧应力。

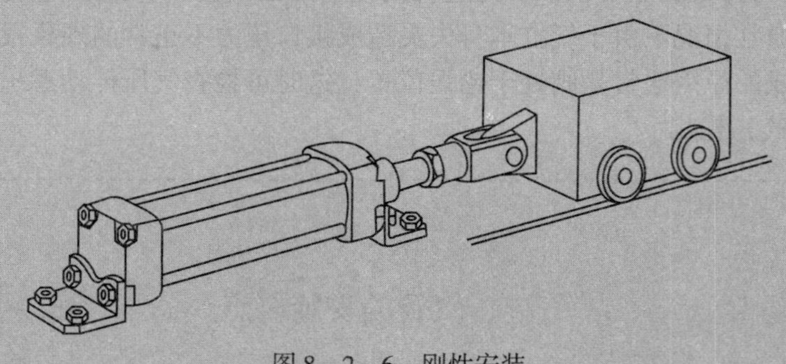

图 8—2—6 刚性安装

（2）柔性安装

柔性安装是指气缸与固定件之间采用活动连接或利用柔性元件（通常有一定弹性）进行连接安装，常用的有两种：在一个平面上的柔性安装、在两个平面上的柔性安装。

1）在一个平面上的柔性安装。如果活塞杆是水平方向运动的，且活塞杆的行程在气缸制造商规定的标准范围内，建议采用枢轴安装。一种方法是，对于中等长度行程气缸，气缸的质量可以通过气缸前端盖下部的弹簧来抵消，如图 8—2—7 所示。另一种方法是在长行程气缸两端部之间的中间位置安装一个耳轴来平衡气缸的重量，如图 8—2—8 所示。

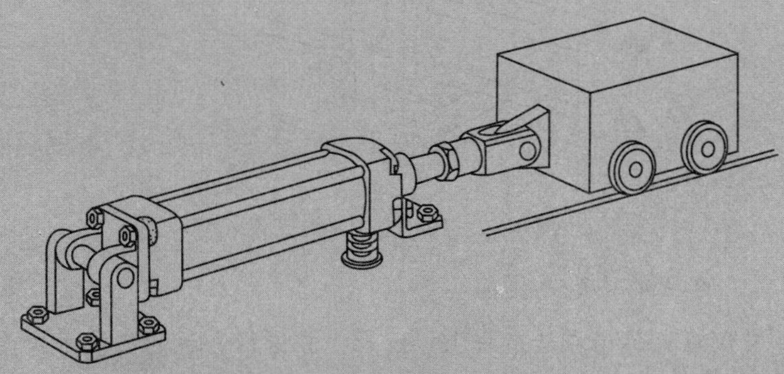

图 8—2—7　中等长度行程气缸适宜采用的安装方式

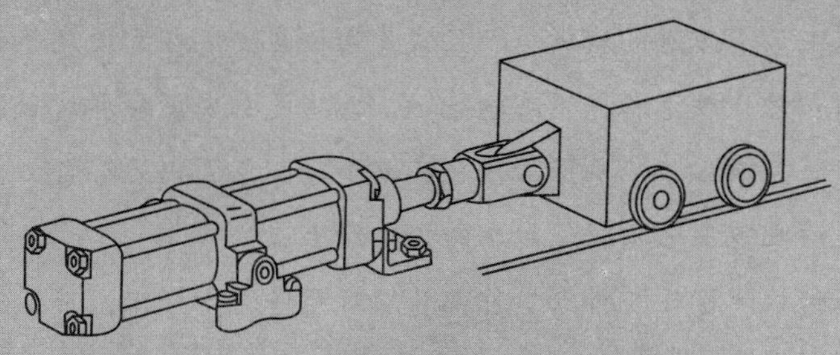

图 8—2—8　长行程气缸适宜采用的安装方式

2）在两个平面上的柔性安装。在两个不同平面上采用柔性安装的最常用的一种方式是使用球面轴衬来连接气缸和活塞，称为铰链连接，如图 8—2—9 所示。通常，这种安装方式可以消除气缸的所受外力。而且，在气缸安装定位准确且结构稳定的情况下，气缸对环境要求并不苛刻。

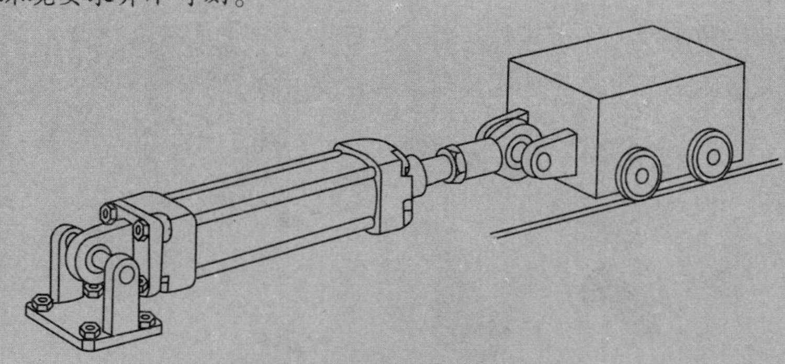

图 8—2—9　铰链连接

另一种安装方式是采用悬臂支架，如图 8—2—10 所示。它可以安装在气缸的尾部端盖上或以中部耳轴的形式安装。铰链连接器与活塞杆相连。这种安装方式适用于长行程气缸和松软结构。

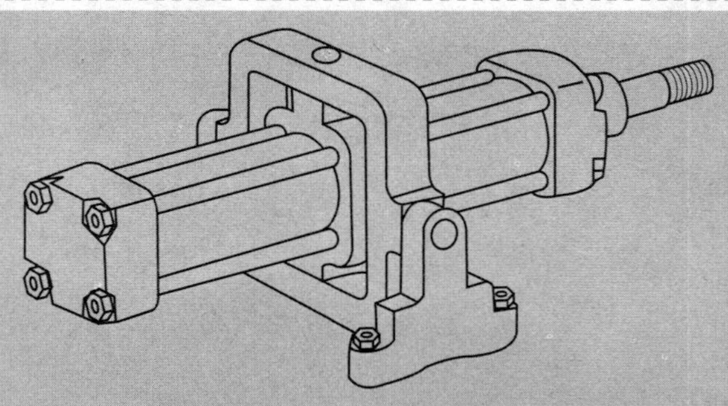

图 8—2—10　采用悬臂支架

(3) 气缸安装的注意事项

1）不允许有侧应力作用在活塞杆上。因此，在选择合适的安装方式之前，必须考虑到机械结构的特性及气缸的操作运行方式。以上要求也适用于活塞杆的端部连接。

2）确保管道安装有足够的空间，而且减震螺栓应安装在方便调整的位置上。

3）在外界有热源、跌落物、飞溅物等时，就将气缸安装在屏蔽罩内。

4）在气缸安装完成后，应确保活塞杆在整个行程范围内能够自由移动。

5）在连接气管之前，必须将气缸上的接口堵上。

6）安装及任何故障检测与排除工作都必须对元件进行标识，而且应在回路图上使用数字对气缸进行标识，使用 2 标记尾部端盖，4 标记前部端盖。

2. 气管的安装

在气压传动系统中，气管起着输送压缩空气的作用。

(1) 管子与管接头

管道连接件包括管子和各种管接头，如图 8—2—11 所示。有了管子和各种管接头，才能把气动控制元件、气动执行元件以及辅助元件等连接成一个完整的气动控制系统。因此，在实际应用中，管道连接件是不可缺少的。

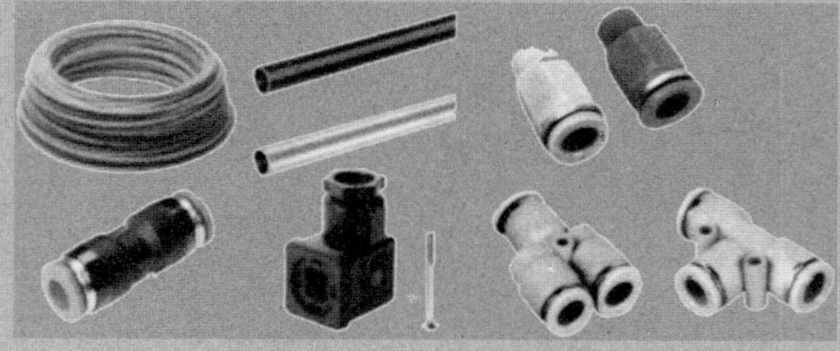

图 8—2—11　管子与管接头

管子可分为硬管和软管两种，在总气管和支气管等一些固定不动的、不需要经常装拆的地方，使用硬管；连接运动部件和临时使用、希望装拆方便的管路应使用软管。

硬管有铁管、铜管、黄铜管、紫铜管和硬塑料管等；软管有塑料管、尼龙管、橡胶管、金属编织塑料管以及挠性金属导管等，常用的是紫铜管和尼龙管。

气动系统中使用的管接头的结构及工作原理与液压管接头基本相似，分为卡套式、扩口螺纹式、卡箍式、插入快换式等。

(2) 气管的安装要求

软管安装的基本要求：一是软管能够适合运动部件，在部件运动过程中，软管可以弯曲但不能扭曲盘旋，应保证软管的曲率半径是软管外径的5倍以上，此半径应以软管的弯曲内圆为计算标准；二是必须保证软管具有合适的长度，以防止在软管连接处出现过大的锐角弯曲。软管的安装见表8—2—6。

表8—2—6　　软管的安装

正　确	错　误	说　明
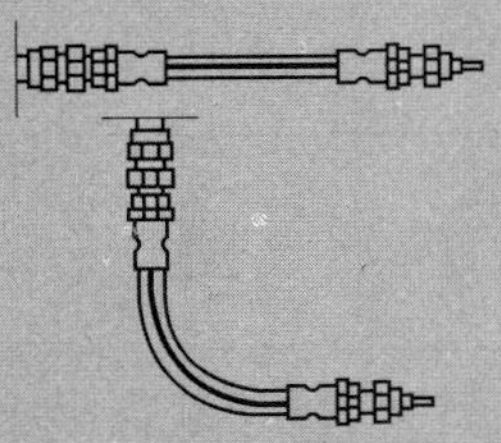	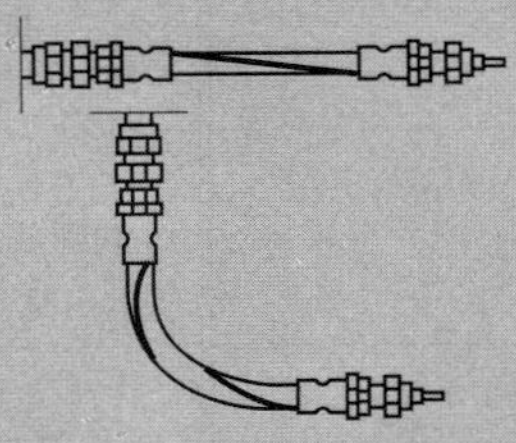	在部件运动过程中，软管可以弯曲但不能扭曲盘旋。在安装过程中，可以使用合适的管接头来防止产生扭曲
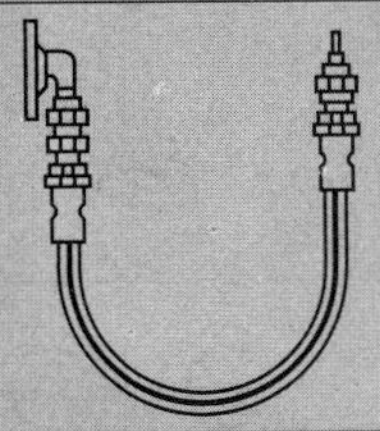	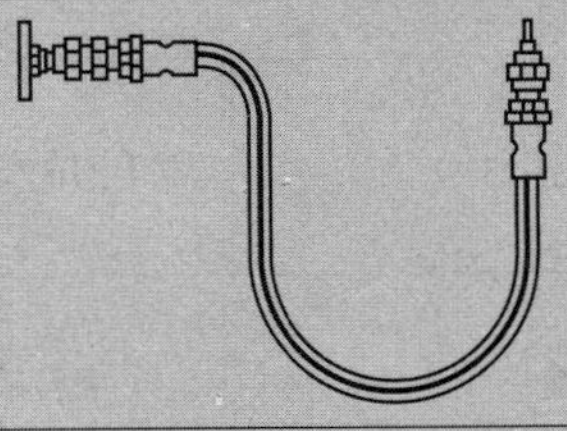	由于错误选用管接头，所以软管左部的曲率半径太小
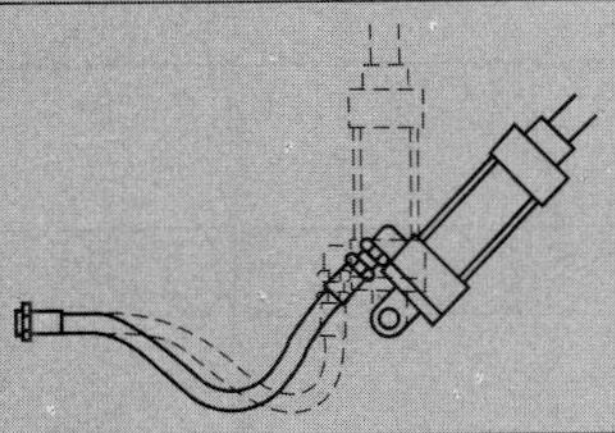	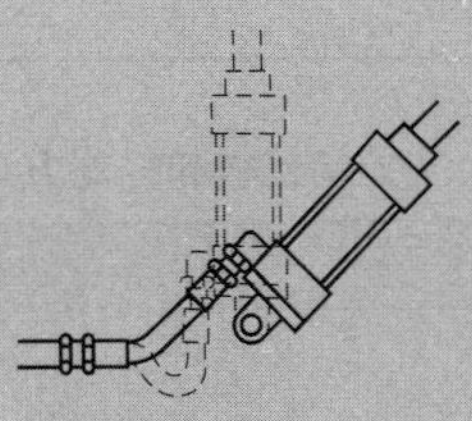	软管预留长度必须与具体的长度变化及运动要求相匹配
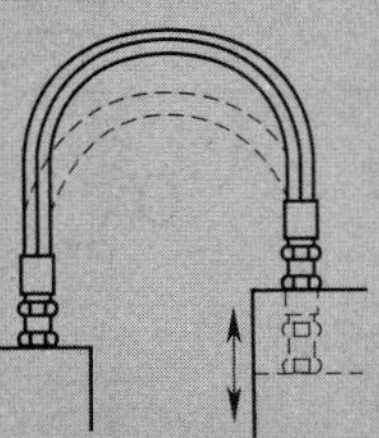	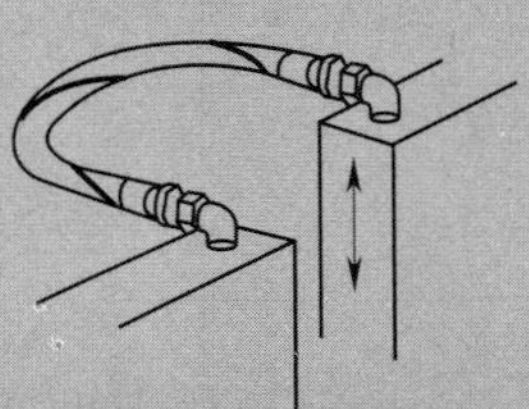	在机器设备运行时，沿垂直方向安装的U形软管会产生扭曲。为防止产生扭曲，软管应安装在机器运动的同一平面内

附录1　常用液压与气压传动元件图形符号

附表1　基本符号、管路及连接

名称	符号	名称	符号
液压		气动	
工作管路		控制管路	
组合元件框线		泄油管线	
连接管路	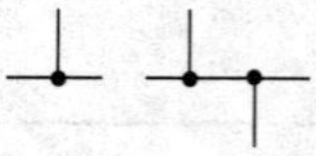	交叉管路	
柔性管路		油箱	
连续放气装置		间断放气装置	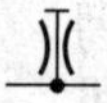
单向放气装置		直接排气口	
带连接排气口	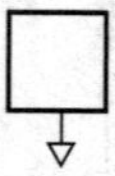	带单向阀快换接头	
不带单向阀快换接头	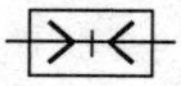	旋转接头	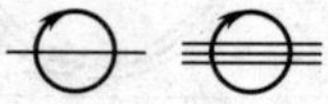

附表2　控制机构和控制方法

名称	符号	名称	符号
人力控制一般符号		按钮式人力控制	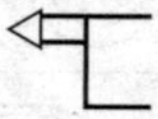
拉钮式人力控制	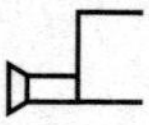	按钮式人力控制	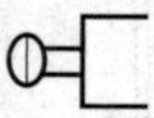
手柄式人力控制		踏板式人力控制	

续表

名称	符号	名称	符号
双向踏板式人力控制		顶杆式机械控制	
可变行程机械控制		弹簧控制	
滚轮式机械控制		单向滚轮式机械控制	
单作用电磁铁		双作用电磁铁	
单作用可调电磁铁		加压或卸压控制	
内部压力控制		外部压力控制	
气压先导控制		液压先导控制	
电磁—液压先导控制		电磁—气压先导控制	

附表3　　**泵、马达和缸**

名称	符号	名称	符号
泵的一般符号	液压泵　气泵	单向定量液压泵	
双向定量液压泵		单向变量液压泵	
双向变量液压泵		单向定量马达	
双向定量马达		摆动马达	
液压源		气压源	

续表

名称	符号	名称	符号
单作用缸	弹簧压出	单作用缸	弹簧压入
双作用单活塞缸		双作用双活塞缸	
单向缓冲气缸		双向缓冲气缸	
单作用伸缩气缸		单作用伸缩液压缸	

附表 4　　控制元件

方向控制元件			
名称	图形符号	名称	符号
二位二通换向阀		二位三通换向阀	
二位四通换向阀		二位五通换向阀	
三位四通换向阀		三位五通换向阀	
无弹簧单向阀		有弹簧单向阀	
液控单向阀			
压力控制元件			
名称	图形符号	名称	符号
直动式溢流阀		先导式溢流阀	
调压阀		溢流式减压阀	

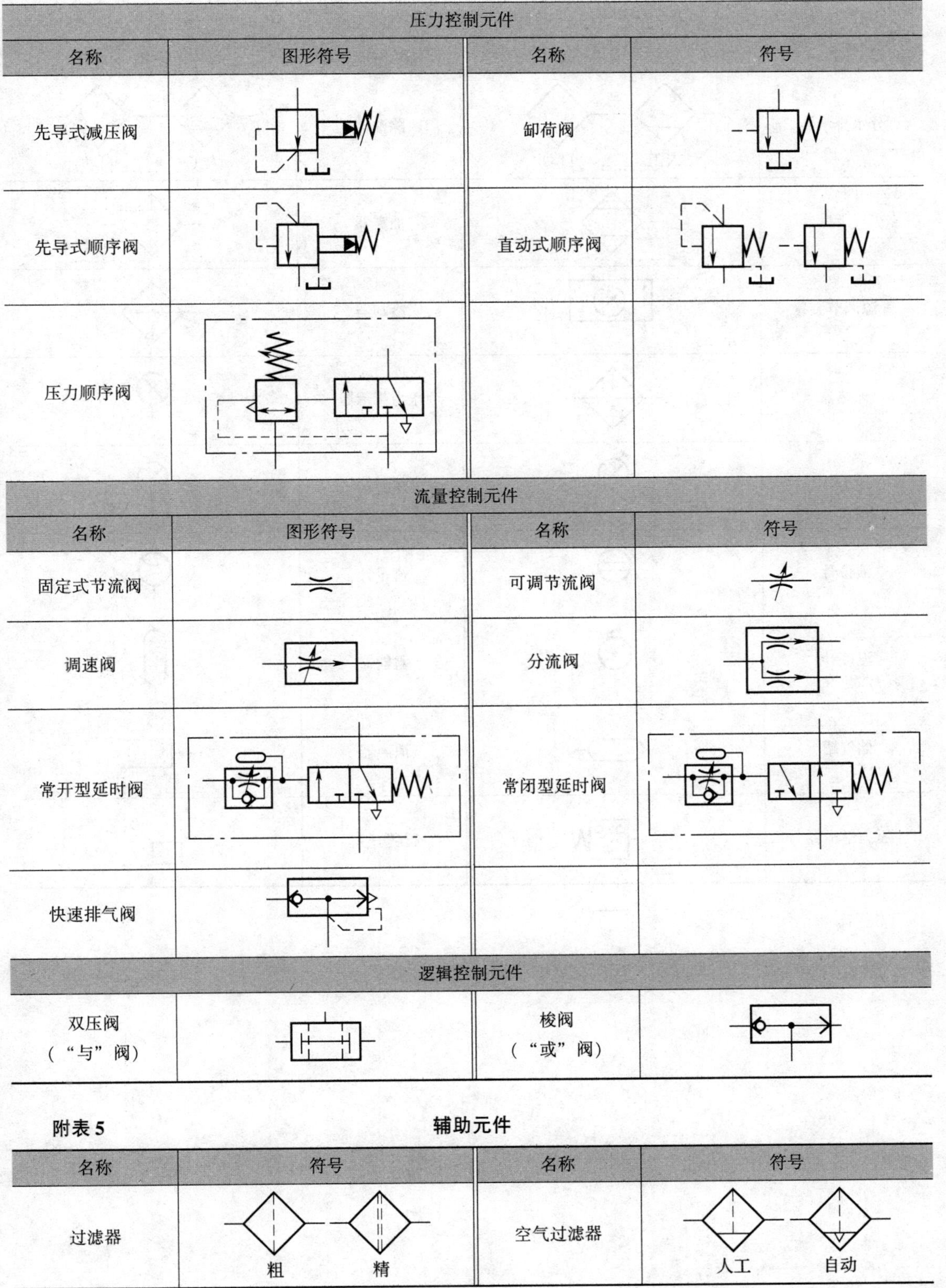

续表

压力控制元件			
名称	图形符号	名称	符号
先导式减压阀		卸荷阀	
先导式顺序阀		直动式顺序阀	
压力顺序阀			

流量控制元件			
名称	图形符号	名称	符号
固定式节流阀		可调节流阀	
调速阀		分流阀	
常开型延时阀		常闭型延时阀	
快速排气阀			

逻辑控制元件			
双压阀 （“与”阀）		梭阀 （“或”阀）	

附表5　　辅助元件

名称	符号	名称	符号
过滤器	粗　精	空气过滤器	人工　自动

续表

名称	符号	名称	符号
分水排水器	人工　自动	除油器	人工　自动
空气干燥器		油雾器	
气源调节装置		冷却器	
加热器		压力指示器	
压力计		压差计	
液位计		流量计	
温度计		蓄能器	
储气罐		消声器	
压力继电器		行程开关	

附录2 常用压力单位换算表

附表6 常用压力单位换算表

	牛顿/米^2（帕斯卡）（N/m^2）（Pa）	千克力/米^2（kgf/m^2）	千克力/厘米^2（kgf/cm^2）	巴（bar）	标准大气压（atm）	毫米水柱4℃（mmH$_2$O）	毫米汞柱0℃（mmHg）	磅力/英寸^2（lbf/in^2）
牛顿/米^2（帕斯卡）（N/m^2）（Pa）	1	0.101 972	$10.197\ 2\times10^{-6}$	1×10^{-5}	$0.986\ 923\times10^{-5}$	0.101 972	$7.500\ 62\times10^{-5}$	145.038×10^{-6}
千克力/米^2（kgf/m^2）	9.806 65	1	1×10^{-4}	$9.806\ 65\times10^{-5}$	$9.678\ 41\times10^{-5}$	1×10^{-8}	0.073 555 9	0.001 422 3
千克力/厘米^2（kgf/cm^2）	$98.066\ 5\times10^{-3}$	1×10^{4}	1	0.980 665	0.967 841	10×10^{3}	735.559	14.223 3
巴（bar）	1×10^{5}	10 197.2	1.019 72	1	0.986 923	$10.197\ 2\times10^{2}$	750.061	14.503 8
标准大气压（atm）	$1.013\ 25\times10^{5}$	103 32.3	1.033 23	1.013 25	1	$10.332\ 3\times10^{3}$	760	14.695 9
毫米水柱4℃（mmH$_2$O）	0.101 972	1×10^{-8}	1×10^{-4}	$9.806\ 65\times10^{-5}$	$9.678\ 41\times10^{-5}$	1	$73.555\ 9\times10^{-3}$	$1.422\ 33\times10^{-3}$
毫米汞柱0℃（mmHg）	133.322	13.595 1	0.001 359 5	0.001 333 2	0.001 315 8	13.595 1	1	0.019 336 8
磅力/英寸^2（lbf/in^2）	$6.894\ 76\times10^{3}$	703.072	0.070 307 2	0.068 947 6	0.068 046 2	703.072	51.715 1	1